5세에는 즐깨감 수학

규칙성과 문제해결

와이즈만 BOOKs

임성숙

한국교원대학교 수학교육과를 졸업한 뒤 단국대학교 수학교육과에서 석사학위를 받았습니다.
지은 책으로는 〈와이즈만 수학사전〉, 즐깨감 수학 시리즈 〈논리수학퍼즐〉, 〈스토리텔링 서술형 수학〉,
〈문제 해결의 길잡이-교과서편〉 등이 있습니다.

김은경

숭실대학교 수학과를 졸업했습니다. (주)창의와탐구 와이즈만 영재교육연구소와 (주)천재교육에서
수학 프로그램 및 교재를 기획, 개발했습니다. 현재는 프리랜서로 활동하며 창의사고력 수학,
학습참고서 등 어린이를 위한 다양한 수학 교재를 만들고 있습니다.

1판 1쇄 발행 2020년 11월 30일 | 1판 5쇄 발행 2024년 8월 5일

글 임성숙 김은경 | 그림 박미성 | 발행처 와이즈만 BOOKs | 발행인 염만숙
출판사업본부장 김현정 | 편집 양다운 이지웅
디자인 양X호랭 DESIGN
마케팅 강윤현 백미영 장하라

출판등록 1998년 7월 23일 제1998-000170
제조국 대한민국 | 사용 연령 4세 이상
주소 서울특별시 서초구 남부순환로 2219 나노빌딩 5층
전화 마케팅 02-2033-8987 편집 02-2033-8983
팩스 02-3474-1411
전자우편 books@askwhy.co.kr
홈페이지 mindalive.co.kr

추천사

새로운 교육 과정은 미래 사회에 대비한 창의력과 인성을 키우는 것을 목표로 하고 있습니다. 따라서 단순 암기해야 하는 내용은 대폭 줄고, 프로젝트 학습이나 토의 토론식 수업 중심이 됩니다. 또한 각 과목 간 융합을 통한 '창의적 융합인재 육성' 이른바 'STEAM'교육이 강조되고 있습니다. 특히 수학은 논리력과 문제 해결 과정 중심으로 개편되고 있습니다. 이제까지의 단순 암기식 학습이 아니라 스스로 개념과 원리를 이해하고 탐구할 수 있는 근본적인 학습 태도와 학습 동기를 변화시키고자 하는 의지를 담고 있는 것입니다.

이러한 새로운 교육 방향이 저희 와이즈만 영재교육에게는 전혀 낯설지 않습니다. 와이즈만에서는 오래전부터 창의적인 인재를 양성하기 위해 구성주의 이론을 적용한 창의사고력 수학을 가르쳐왔기 때문입니다. 이번 '즐깨감 5세 시리즈'에서도 와이즈만 영재교육이 오랫동안 쌓아온 경험과 성과가 잘 녹아 있습니다.

'즐깨감 5세 시리즈'는 생활 속에서 접하는 상황이나 퍼즐, 게임 등과 같이 다양한 소재를 이용하여 학생들이 수학에 대한 거부감 없이 쉽게 접근할 수 있도록 하였습니다. 학생들은 본 교재를 통해 재미있는 수학을 접하고 원리를 이해하는 습관을 기르면서 수학에 대해 유연하게 사고하는 방법을 익힐 수 있습니다.

무엇보다도 '수와 연산' '도형과 공간' '측정과 분류' '규칙성과 문제 해결' 같은 다양한 영역에서 집중적으로 실력을 다져 모든 영역에서 수학적 능력을 발휘할 수 있습니다.

와이즈만영재교육연구소는 5세 아이들이 수학 문제를 푸는 동안 즐거움과 깨달음을 얻고, 감동을 품을 수 있기를 간절히 기원합니다.

와이즈만영재교육연구소 소장
이미경

스스로 생각하는 힘을 기르는

즐깨감 시리즈

'즐깨감'은 즐거움, 깨달음, 감동의 줄임말로, 와이즈만 영재교육의 수학•과학 학습 노하우가 담긴 학습서입니다. 단순한 연산 법칙이나 공식을 암기하기보다 생활 속에서 접하는 상황이나 다양한 소재를 이용해 학생이 수학에 대한 거부감 없이 쉽게 접근하고, 수학 과학에 대한 긍정적인 태도를 갖게 합니다.

어떤 순서로 공부할까?

기본편 | 4가지 수학 영역의 기초를 다집니다.

↓

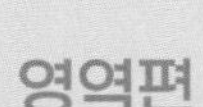

영역별로 나누어 집중적으로 학습합니다.
수와 연산 / 도형과 공간 / 측정과 분류 / 확률과 통계 / 규칙성과 문제 해결

↓

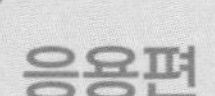

학습한 내용을 토대로 여러 가지 퍼즐 문제를 해결합니다.

↓

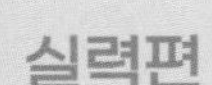

난이도가 높은 창의 사고력 문제로 실력을 높입니다.

↓

교과와 연계된 수학 문제로 내신을 완벽하게 대비합니다.

	기본편	영역편	
5세			
6세			
7세			
1학년			
2학년			
3학년			
4학년			

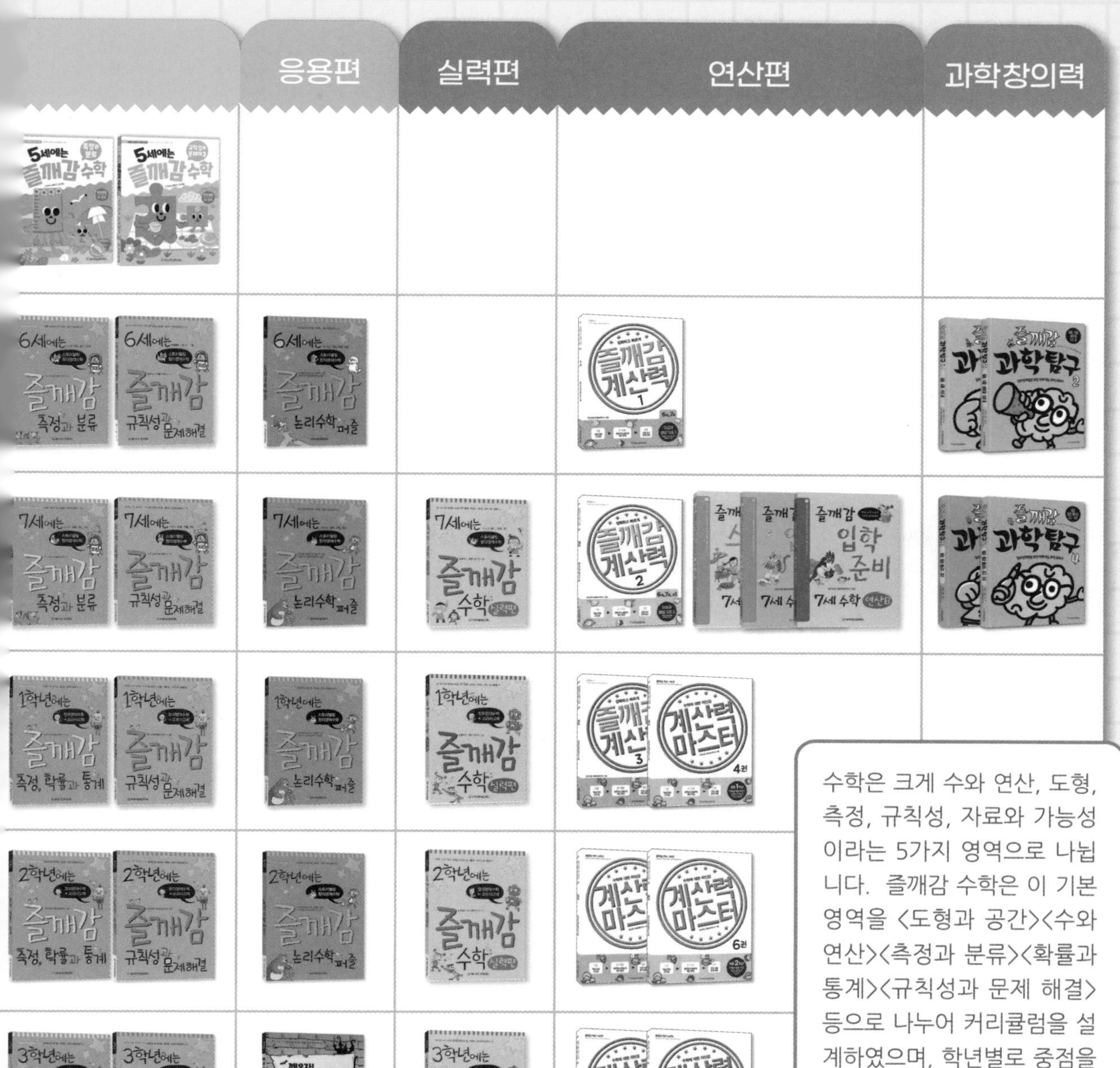

응용편
실력편
연산편
과학창의력

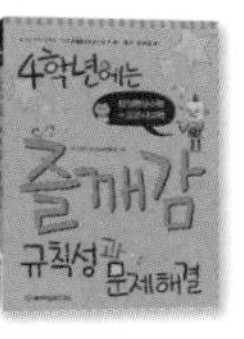

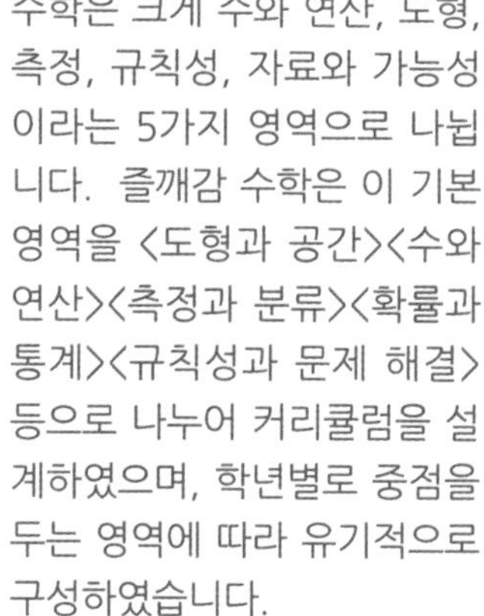

수학은 크게 수와 연산, 도형, 측정, 규칙성, 자료와 가능성이라는 5가지 영역으로 나뉩니다. 즐깨감 수학은 이 기본 영역을 〈도형과 공간〉〈수와 연산〉〈측정과 분류〉〈확률과 통계〉〈규칙성과 문제 해결〉 등으로 나누어 커리큘럼을 설계하였으며, 학년별로 중점을 두는 영역에 따라 유기적으로 구성하였습니다.

이 책의 구성과 활용

STEP1 생각이 자라요

수학의 개념과 원리를 익히는 활동입니다. 생활 속 소재나 이야기를 통해 흥미를 불러일으키며, 개념별로 다양한 유형의 문제를 풀면서 기초를 튼튼히 다질 수 있습니다. 난이도 하, 중하 수준의 문제로 구성되었습니다.

STEP2 응용력이 커져요

1단계에서 개념을 이해한 다음, 실제로 적용하고 응용해 보는 활동입니다. 기본적인 개념 확인 문제를 비롯해 계산력, 논리력, 사고력, 문제 해결력 등을 기를 수 있는 문제로 구성되었습니다. 난이도는 중, 중상 수준이며, 이 단계를 통해 수학적 사고의 폭을 확장할 수 있습니다.

STEP3 창의력이 샘솟아요

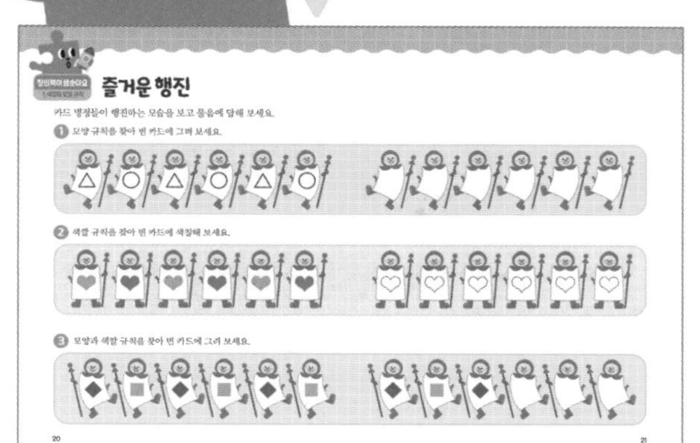
창의력이 샘솟아요

즐거운 행진

카드 병정들이 행진하는 모습을 보고 물음에 답해 보세요.

1 모양 규칙을 찾아 빈 카드에 그려 보세요.

2 색깔 규칙을 찾아 빈 카드에 색칠해 보세요.

3 모양과 색깔 규칙을 찾아 빈 카드에 그려 보세요.

20 21

일반적인 유형에서 나아가 사고력과 창의력을 기르는 활동입니다. 퍼즐이나 미로 등을 활용한 사고력 문제, 여러 개념을 종합한 융복합 문제 등으로 구성되었습니다. 난이도는 중, 중상 수준이며, 이 단계를 통해 수학적 추론 능력과 논리력 등을 기를 수 있습니다.

STEP4 답지를 확인해요

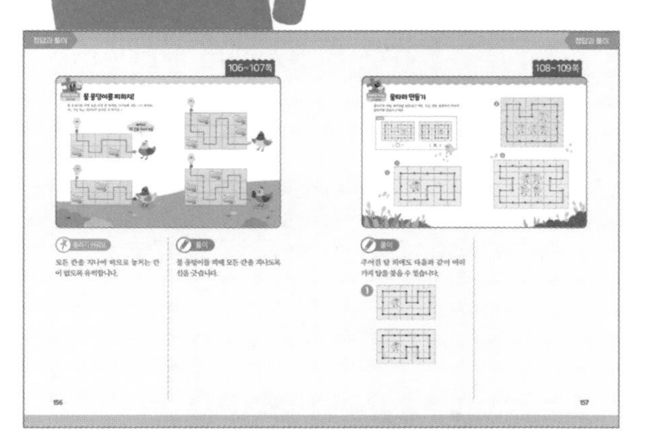
정답과 풀이

106~107쪽

108~109쪽

156 157

정답을 한눈에 알아볼 수 있도록 본문과 같은 이미지 위에 파란색으로 답을 표시하였습니다. 해설에서는 [풀이] [생각열기] [틀리기 쉬워요] [참고]를 따로 구성하여 문제에 대한 이해를 도왔습니다.

차례

1장 생활 속 규칙

2장 수학 속 규칙

3장 여러가지 문제 해결

1. 그림 문제 해결

2. 논리 문제 해결

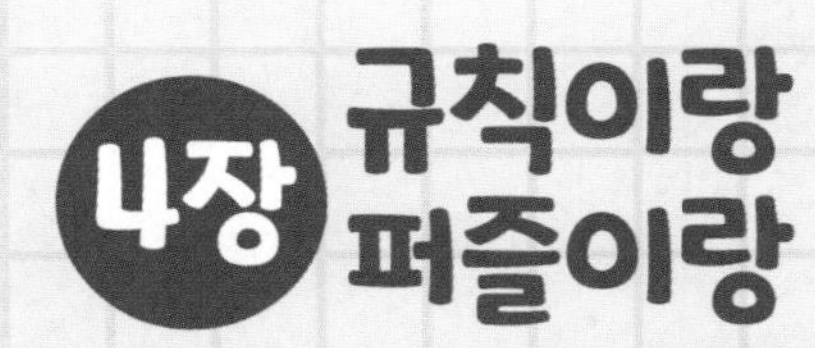

1. 규칙 퍼즐

2. 논리 퍼즐

1장

생활 속 규칙

1. 색깔과 모양 규칙
2. 크기와 방향 규칙

학습 목표

① 색깔과 모양 규칙을 알고 찾을 수 있어요.
② 크기와 방향 규칙을 알고 찾을 수 있어요.
③ 일상생활에서 볼 수 있는 여러 가지 규칙을 알고 찾을 수 있어요.

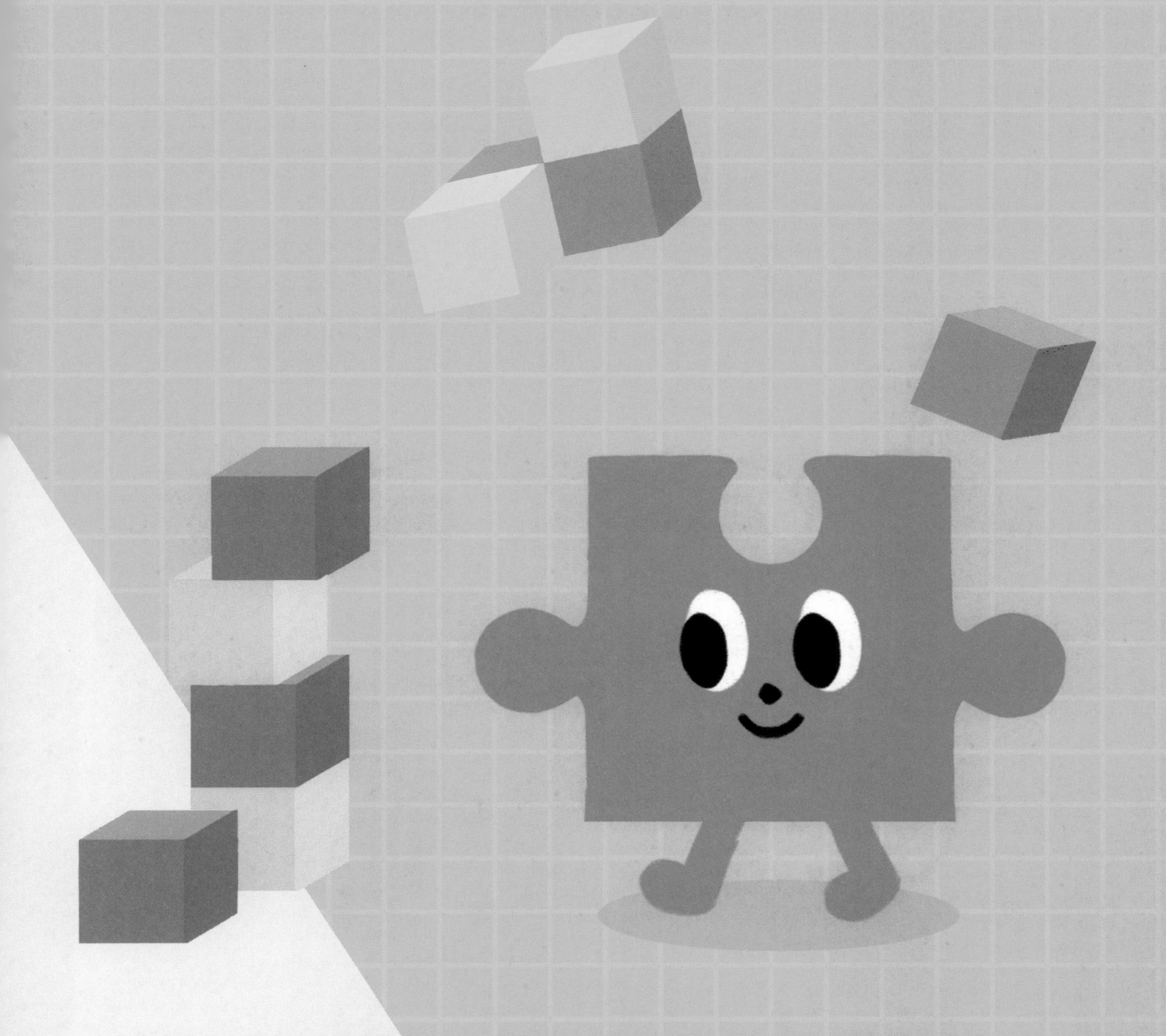

생각이 자라요
1. 색깔과 모양 규칙

여왕랜드

붙임 딱지

놀이동산의 입구에서 모양이 되풀이되는 규칙을 찾아 붙임 딱지를 붙여 보세요.

놀이동산의 벽에서 색깔이 되풀이되는 규칙을 찾아 빈 곳에 색칠해 보세요.

즐거운 놀이기구

놀이 기구의 규칙을 찾아 알맞은 붙임 딱지를 붙여 보세요.

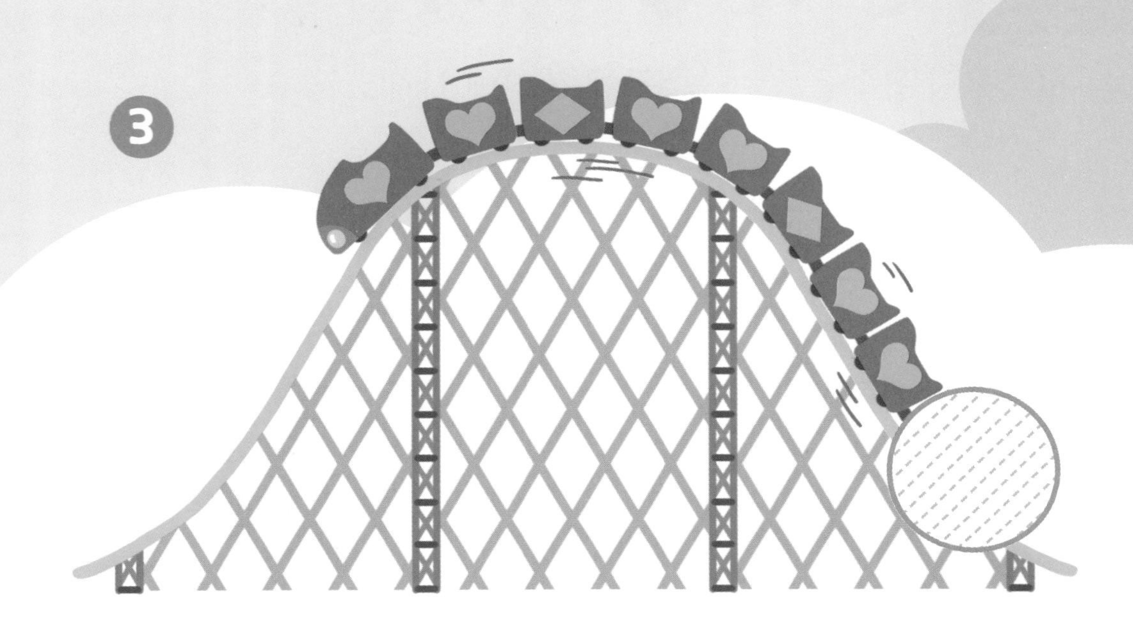
3

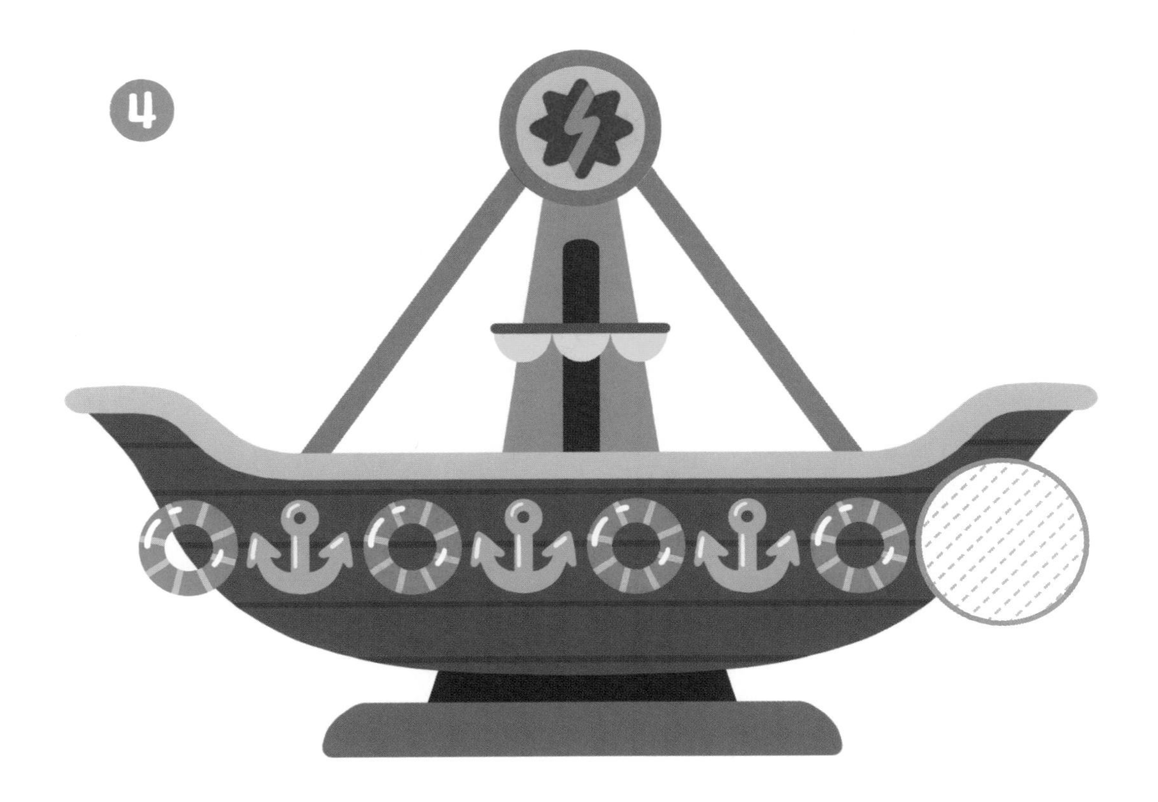
4

응용력이 커져요

1. 색깔과 모양 규칙

신나는 놀이 기구

놀이 기구의 규칙을 찾아 빈 곳에 색칠해 보세요.

4
5

응용력이 커져요

1. 색깔과 모양 규칙

맛있는 간식

햄버거를 만드는 규칙대로 잘 만든 것을 찾아 ○표 해 보세요.

( )　( )　( )

규칙이 없는 소떡소떡을 찾아 X표 해 보세요.

즐거운 행진

카드 병정들이 행진하는 모습을 보고 물음에 답해 보세요.

1 모양 규칙을 찾아 빈 카드에 그려 보세요.

2 색깔 규칙을 찾아 빈 카드에 색칠해 보세요.

3 모양과 색깔 규칙을 찾아 빈 카드에 그려 보세요.

창의력이 샘솟아요

1. 색깔과 모양 규칙

신나는 행진

카드 병정들이 행진하는 모습을 보고 물음에 답해 보세요.

1 모양 규칙을 찾아 빈 카드에 그려 보세요.

2 색깔 규칙을 찾아 빈 카드에 색칠해 보세요.

3 모양과 색깔 규칙을 찾아 빈 카드에 그려 보세요.

생각이 자라요

2. 크기와 방향 규칙

비눗방울 놀이

붙임 딱지

비눗방울이 나오는 규칙을 찾아 알맞은 붙임 딱지를 붙여 보세요.

크고 작은 비눗방울이
규칙적으로 나오고 있어.

큰 방울과 작은 방울이
되풀이되는 규칙을 찾아봐.

응용력이 커져요
2. 크기와 방향 규칙

바퀴를 얻어요

마부가 미로를 통과해 바퀴를 얻으려고 해요. 주어진 규칙에 따라 선을 그어 보세요.

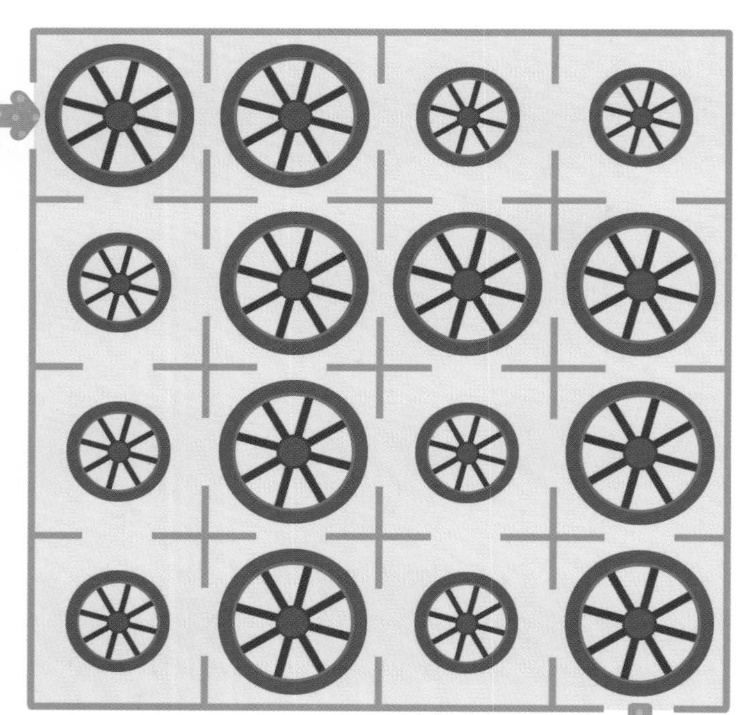

사탕을 먹어요

생쥐가 미로를 통과해 사탕을 먹으려고 해요. 주어진 규칙에 따라 선을 그어 보세요.

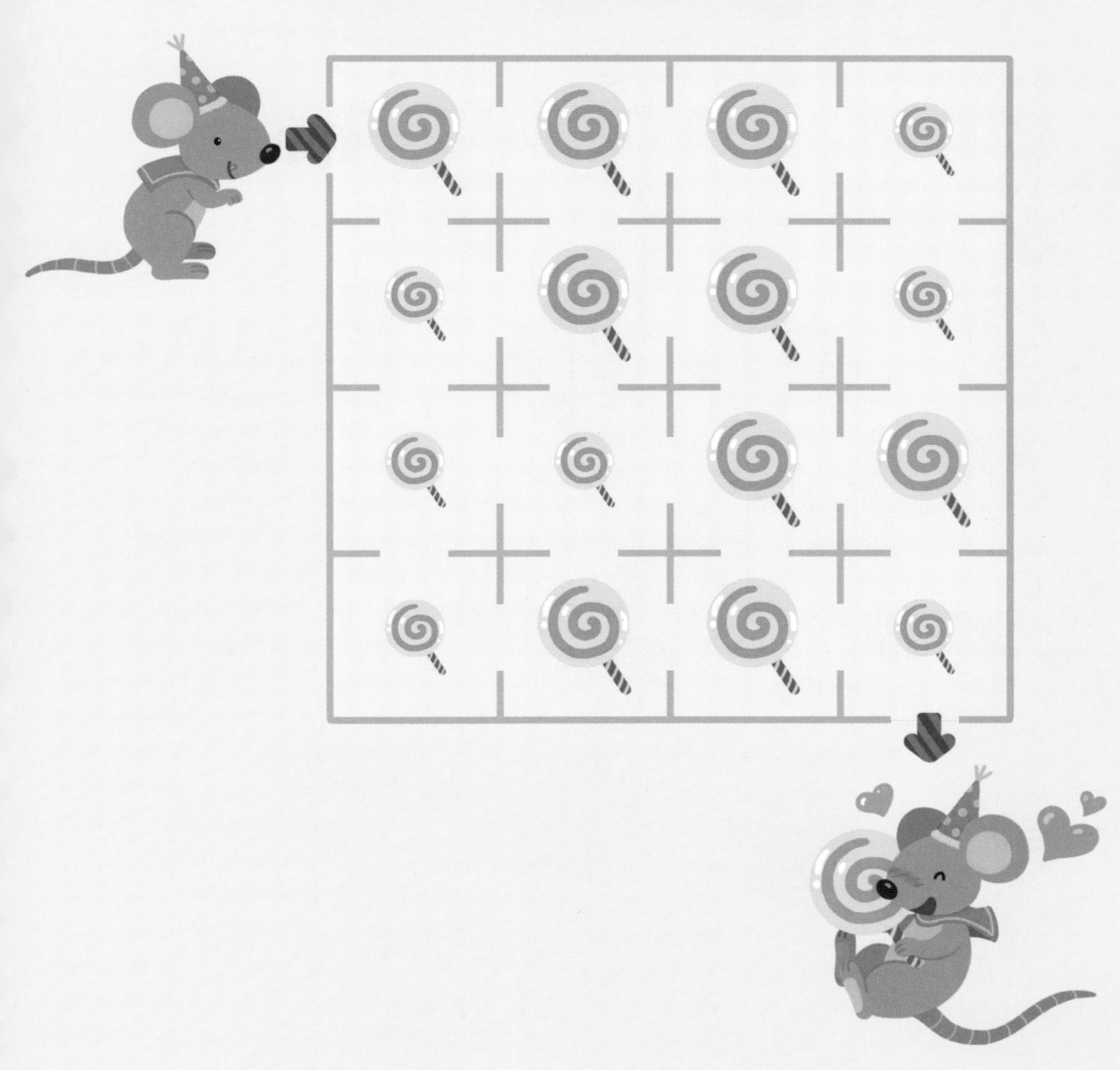

응용력이 커져요
2. 크기와 방향 규칙

앨리스의 추적

앨리스가 토끼를 쫓아가요. 화살표가 놓인 규칙을 찾아 알맞은 붙임 딱지를 붙여 보세요.

앨리스와 토끼의 게임

이상한 나라에는 여러 가지 규칙이 있어요. 물건들의 규칙을 찾아 빈 곳에 알맞게 색칠해 보세요.

 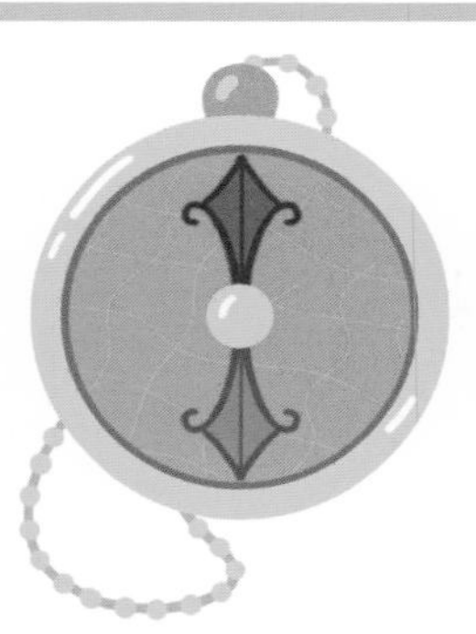 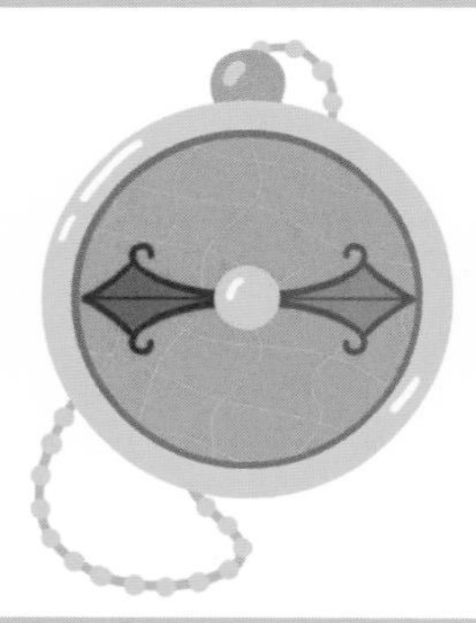 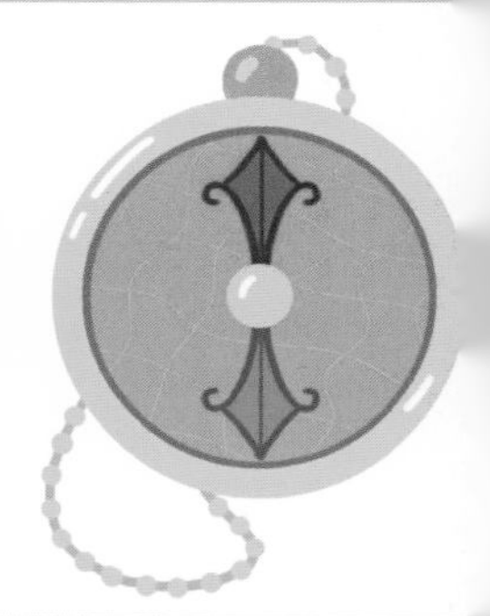

3

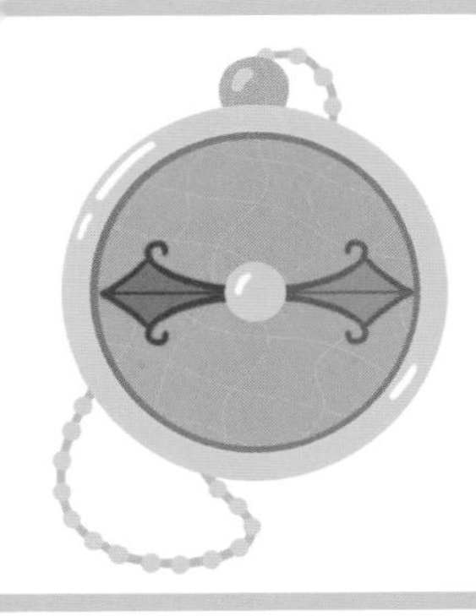
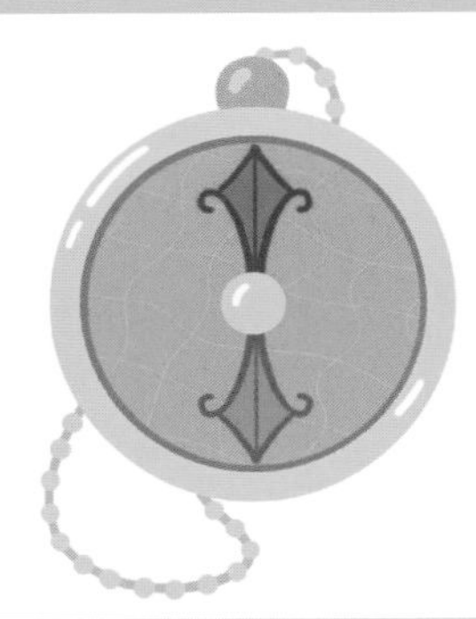

창의력이 샘솟아요

2. 크기와 방향 규칙

화관 만들기

아름다운 화관을 만들려고 해요. 꽃을 엮은 규칙을 찾아 알맞은 붙임 딱지를 붙여 보세요.

1

2

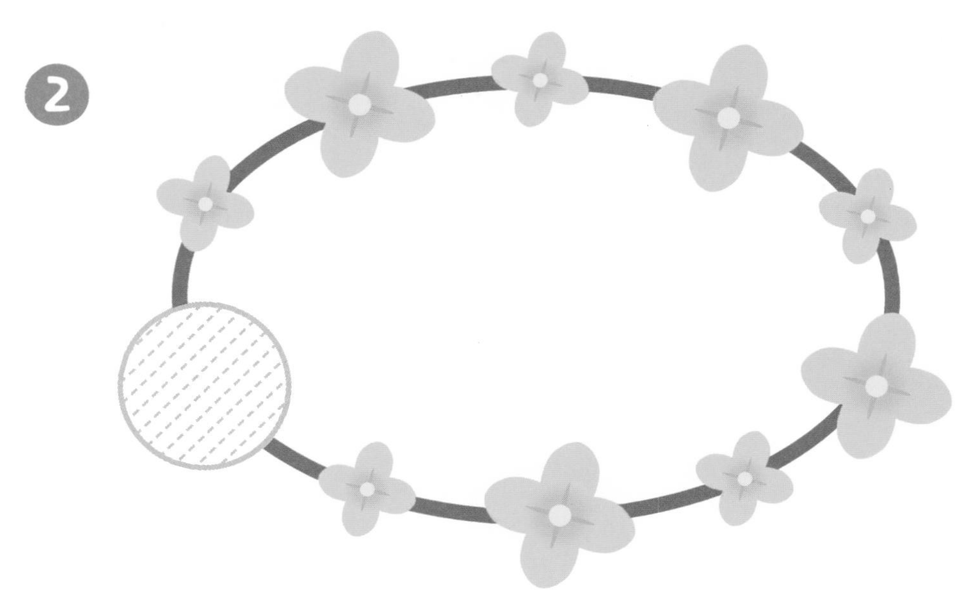

3

2장

수학 속 규칙

1. 수와 도형 규칙

2. 관계 규칙

학습 목표

① 수와 도형 규칙을 알고 응용할 수 있어요.
② 관계 규칙을 알고 응용할 수 있어요.
③ 퍼즐이나 도형 등을 이용해 여러 가지 규칙을 만들수 있어요.

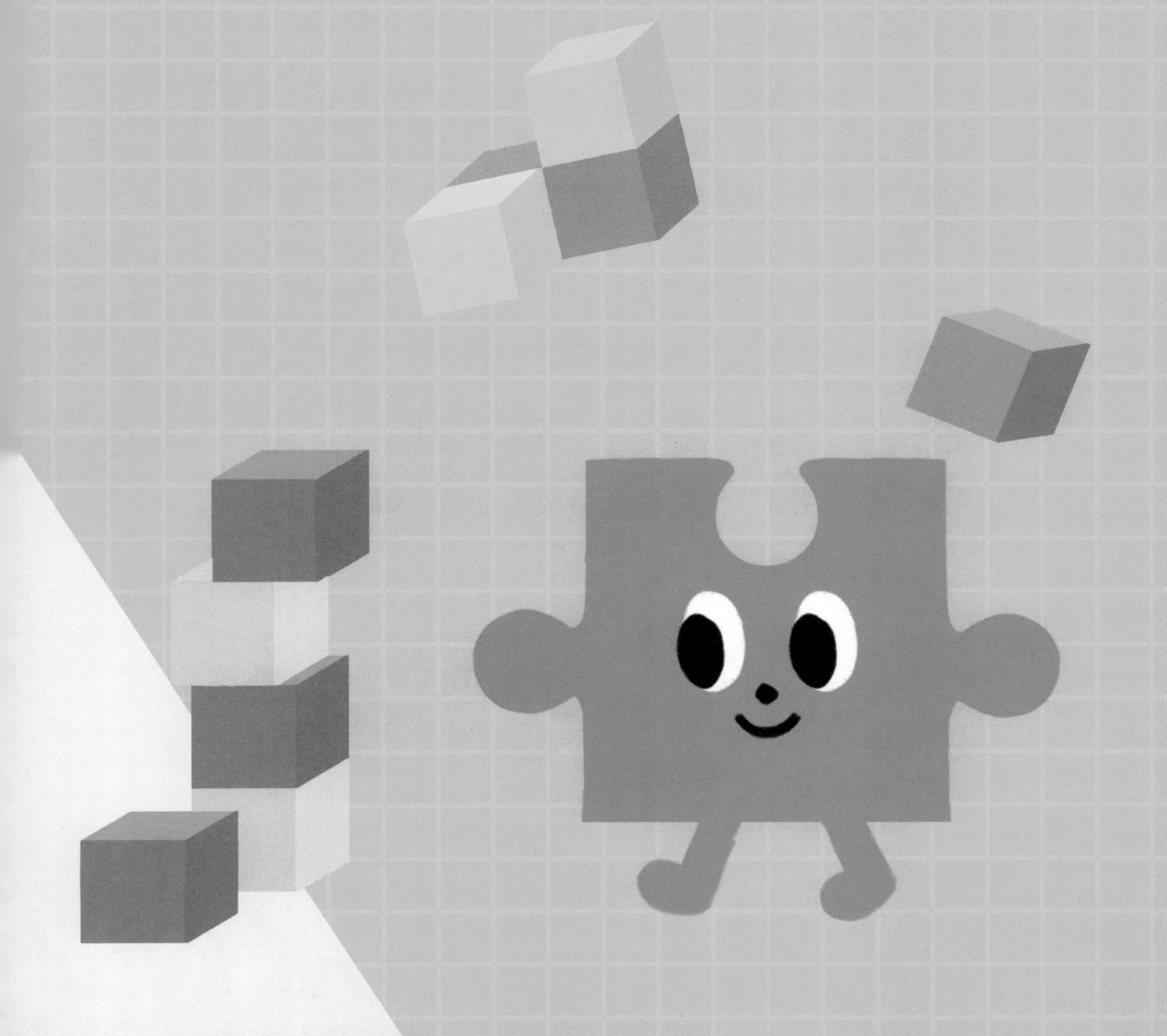

생각이 자라요
1. 수와 도형 규칙

가을이 왔어요

다람쥐가 먹이를 규칙적으로 놓은 돗자리를 찾아 ○표 해 보세요.

1

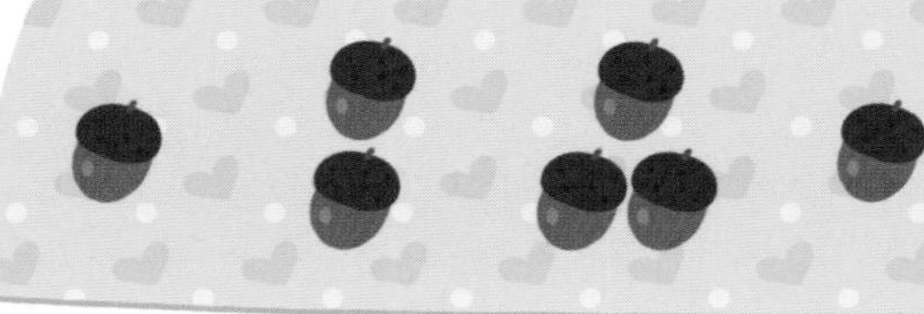

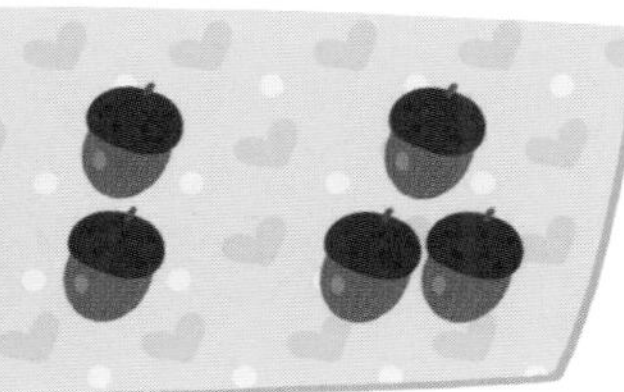

(　　)

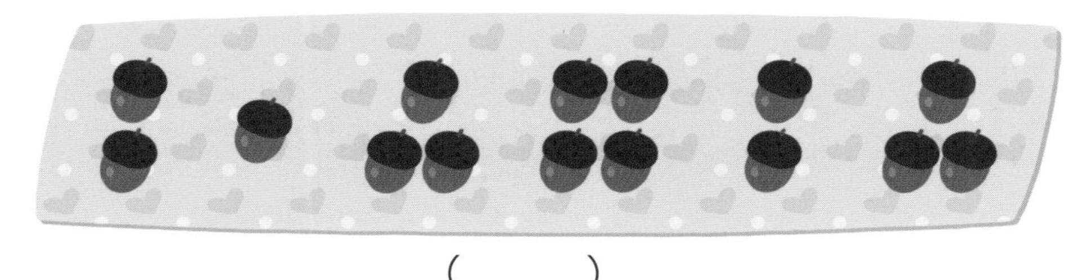

(　　)

2

(　　)

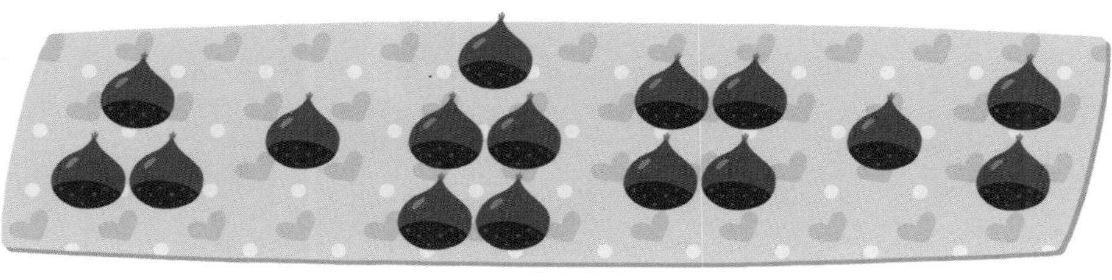

(　　)

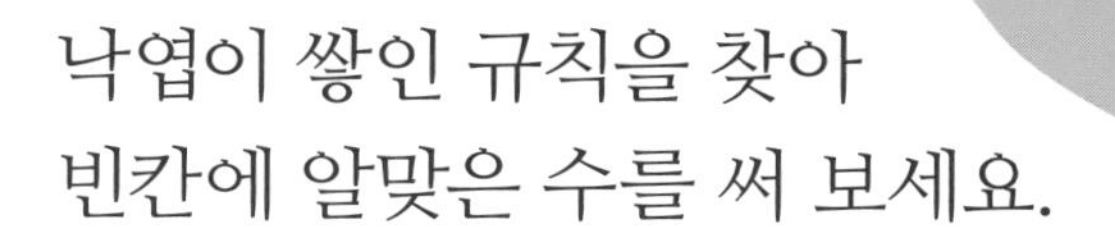

낙엽이 쌓인 규칙을 찾아
빈칸에 알맞은 수를 써 보세요.

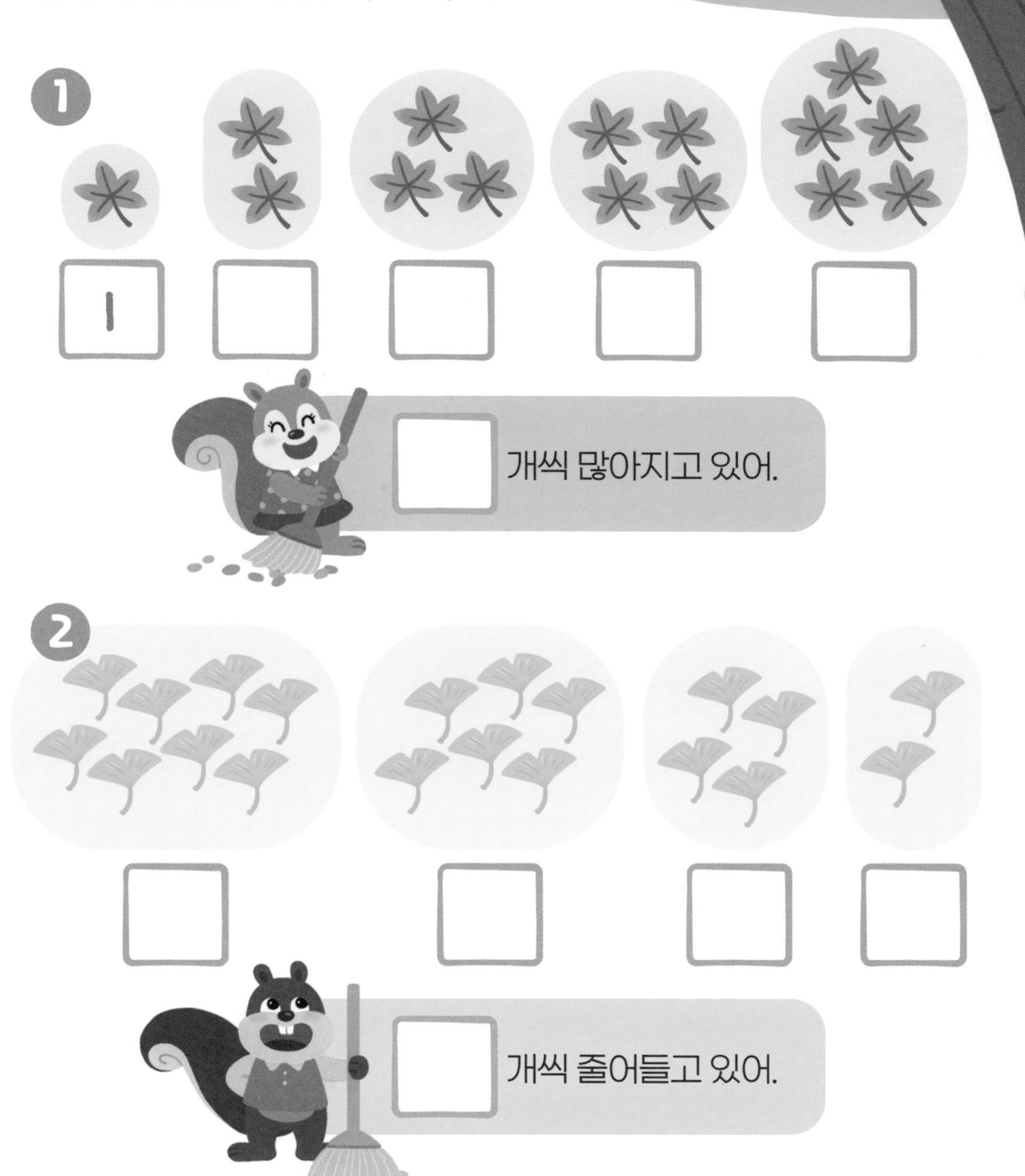

1
1
개씩 많아지고 있어.
2
개씩 줄어들고 있어.

수 꿈틀이

수의 규칙을 찾아 빈칸에 알맞은 수를 써 보세요.

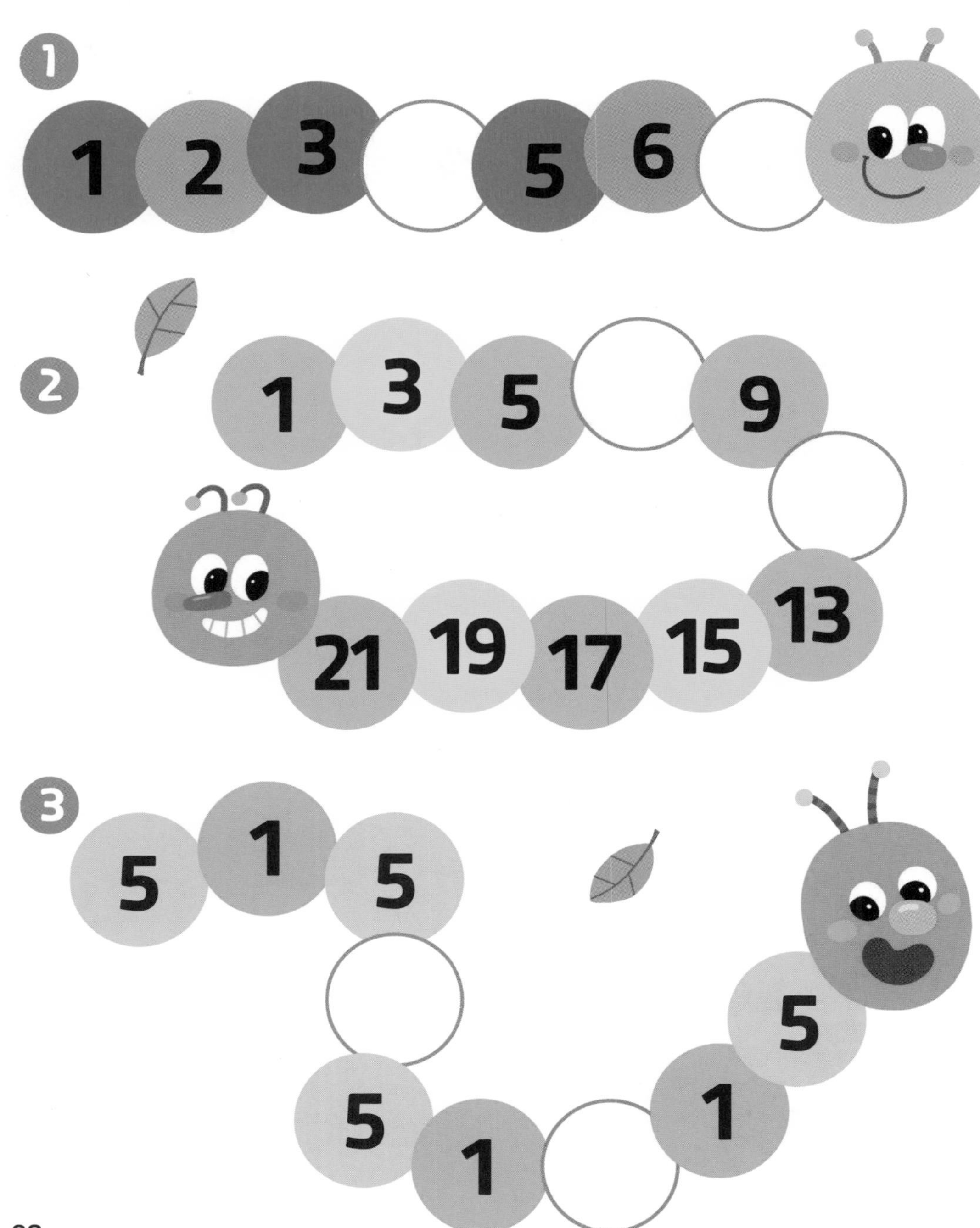

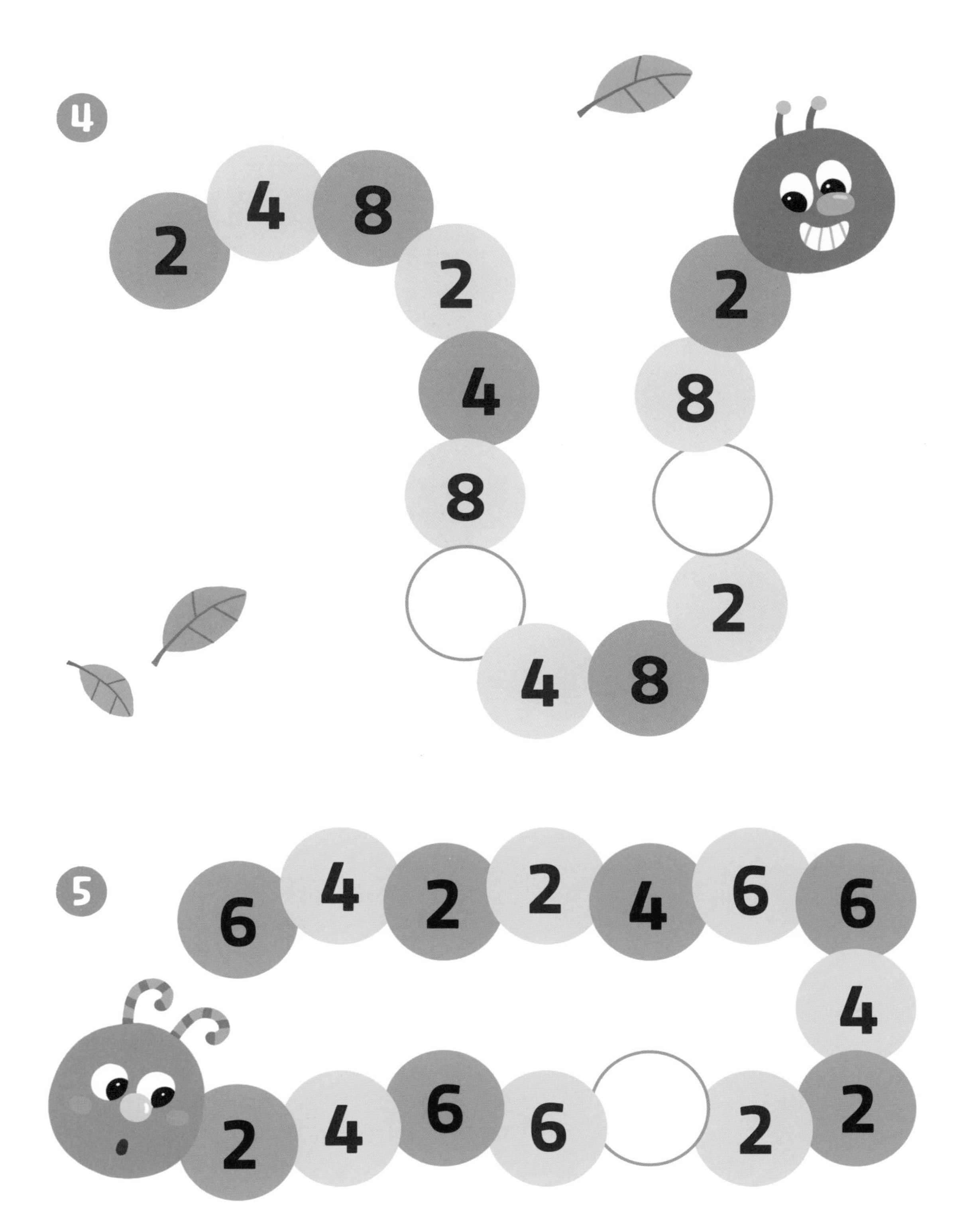

4
2 4 8 2 4 8
4 8 2
8 2
5
6 4 2 2 4 6 6
4
2 2
6 6 4 2

응용력이 커져요

1. 수와 도형 규칙

도미노 게임 1

도미노를 놓은 규칙을 찾아 빈 곳에 알맞은 도미노를 오려 붙여 보세요.

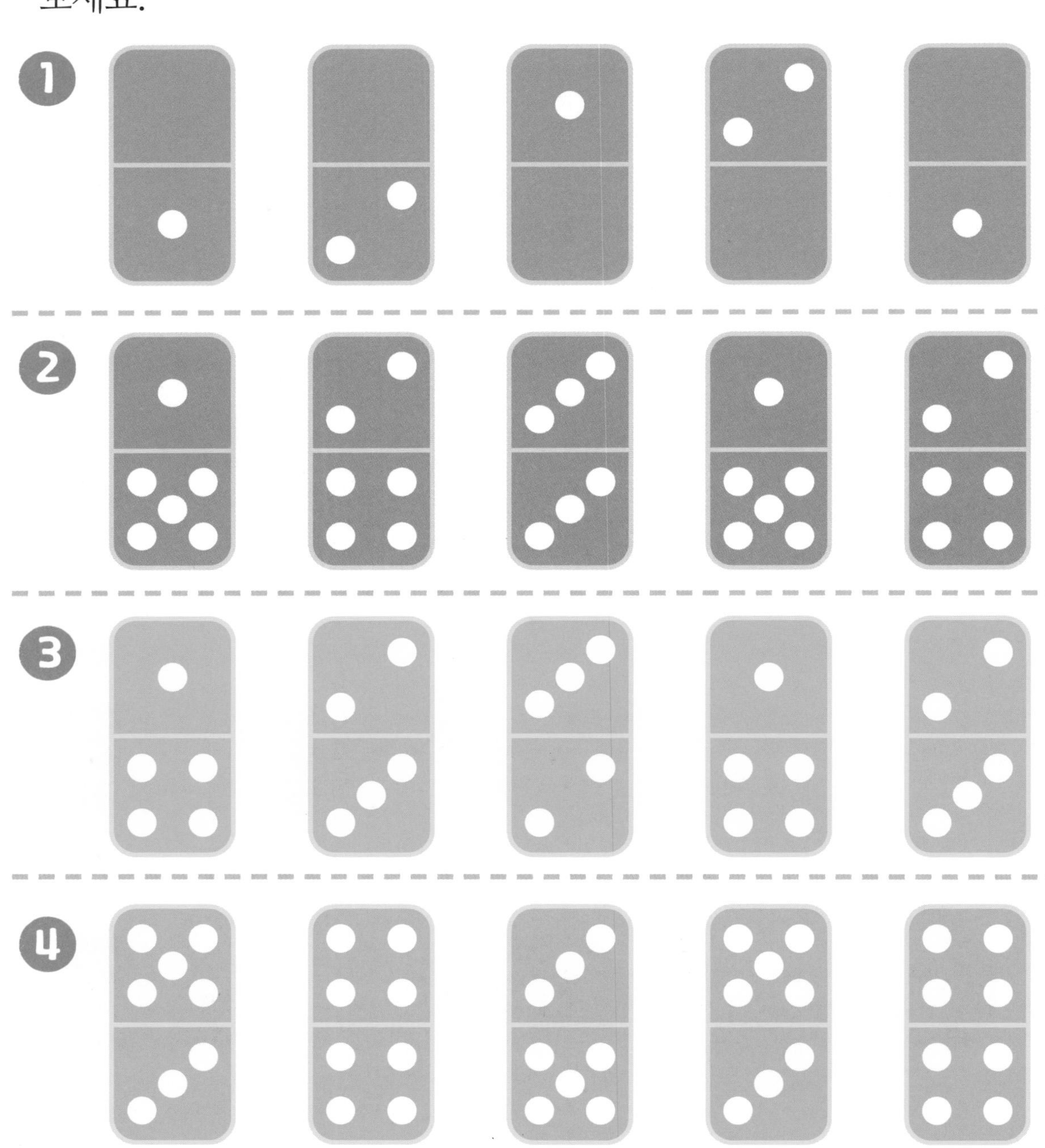

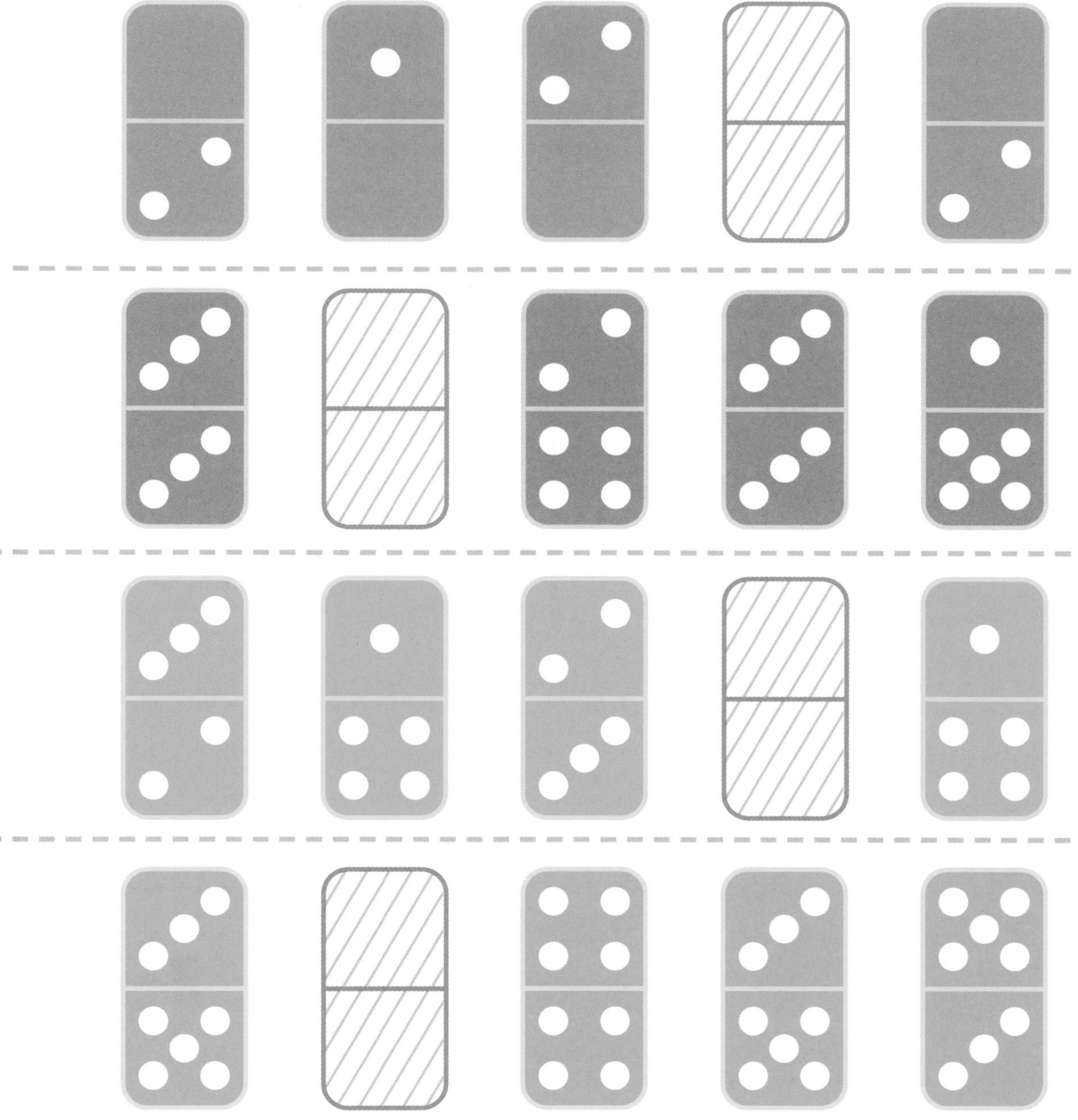

도미노 게임 2

도미노를 놓은 규칙을 찾아 빈 곳에 알맞은 도미노를 오려 붙여 보세요.

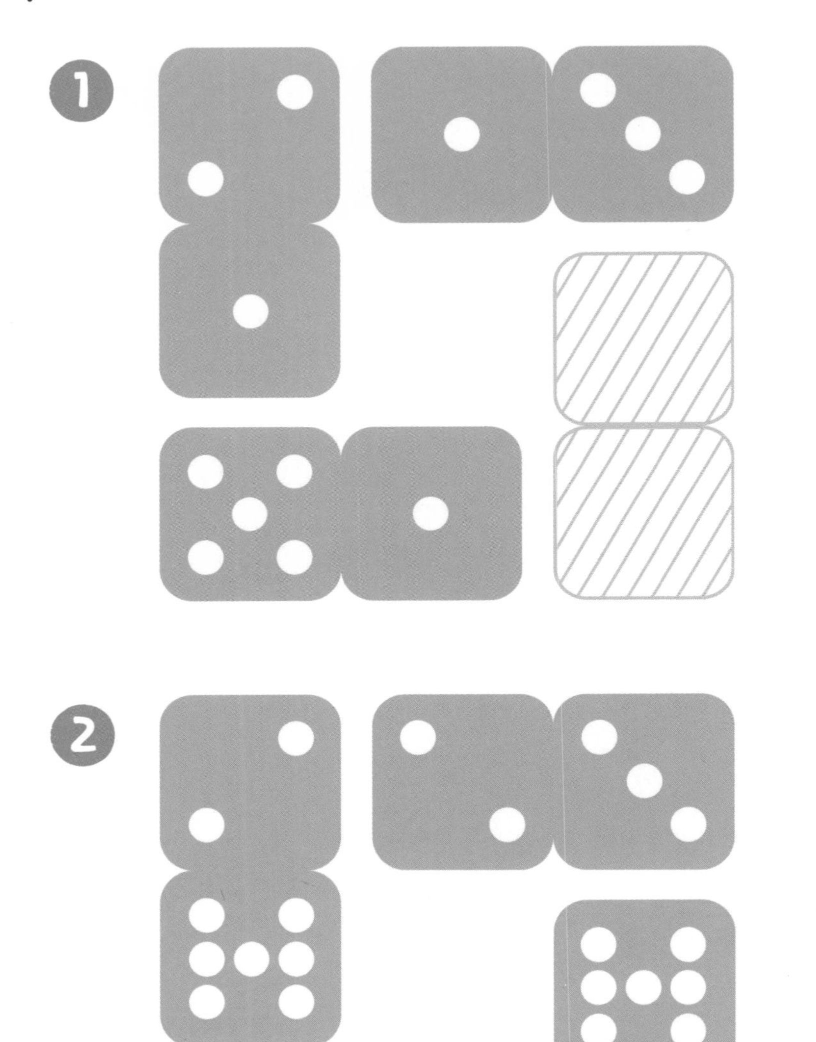

3

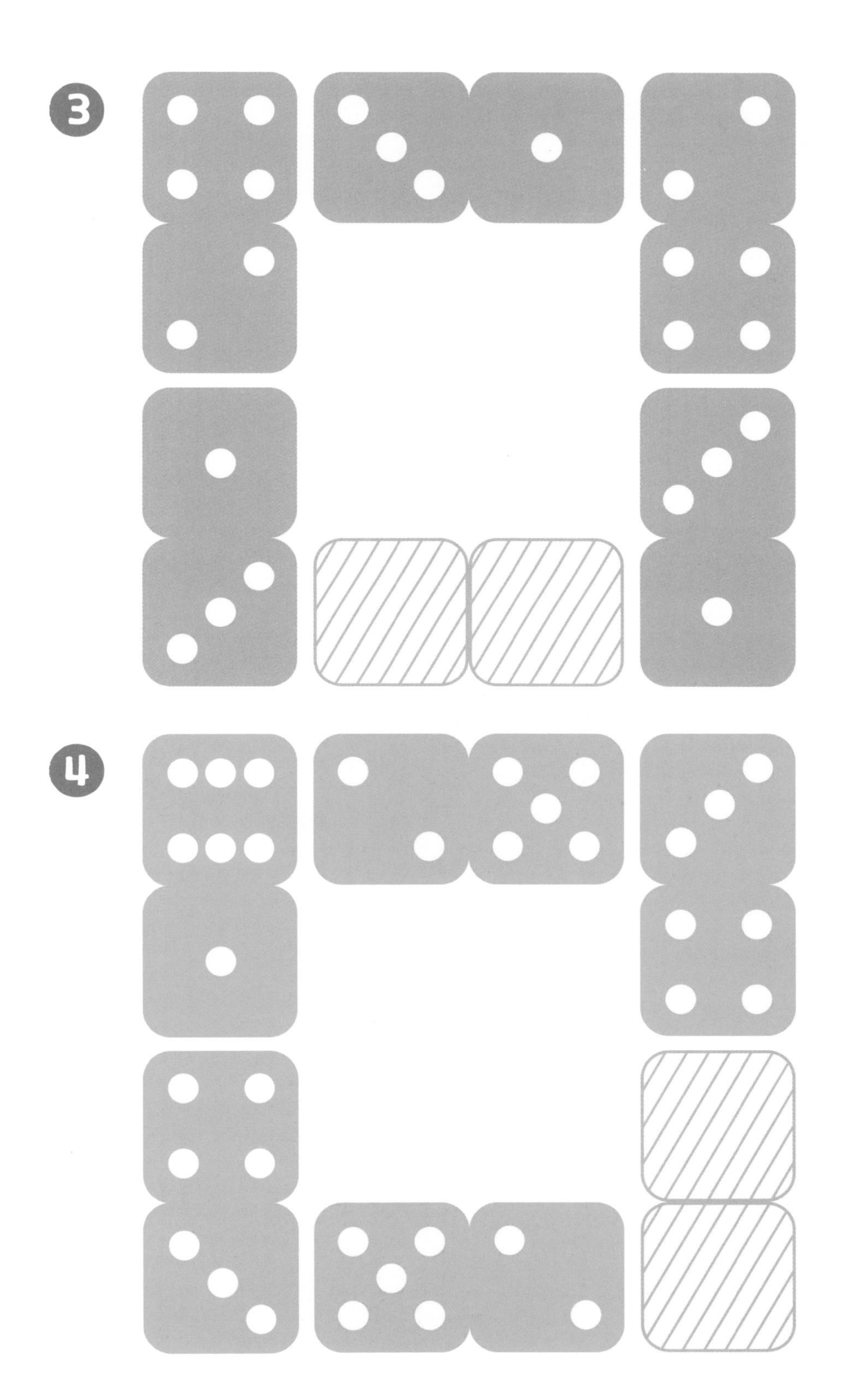

4

응용력이 커져요

1. 수와 도형 규칙

구슬 놀이

구슬을 놓는 규칙에 따라 빈 곳에 알맞게 색칠해 보세요.

1

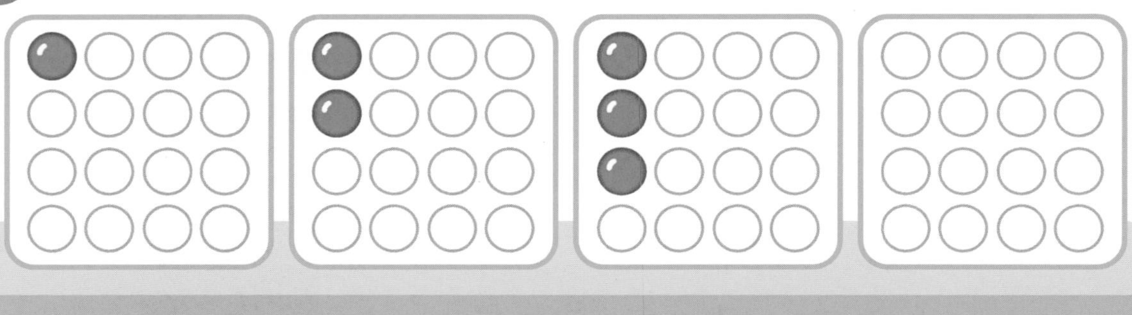

2

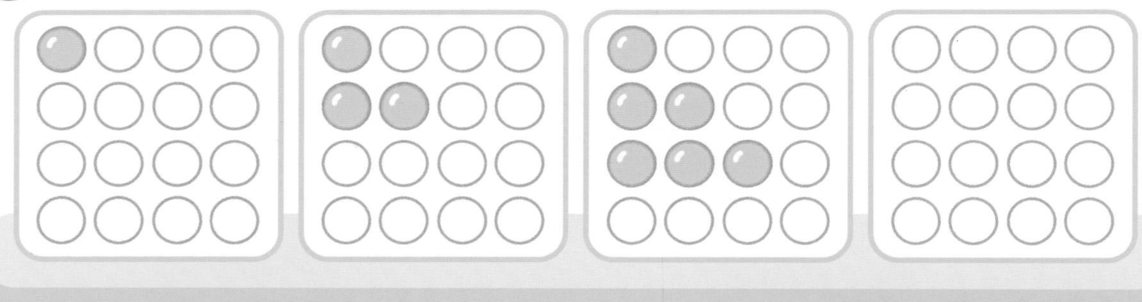

3

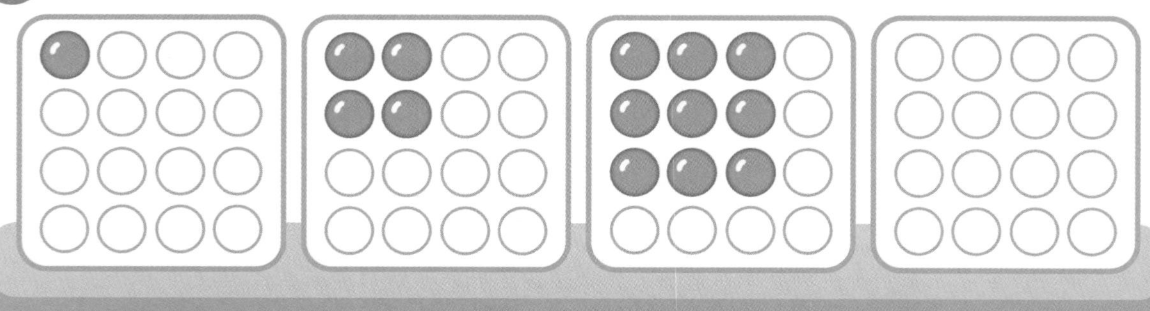

4

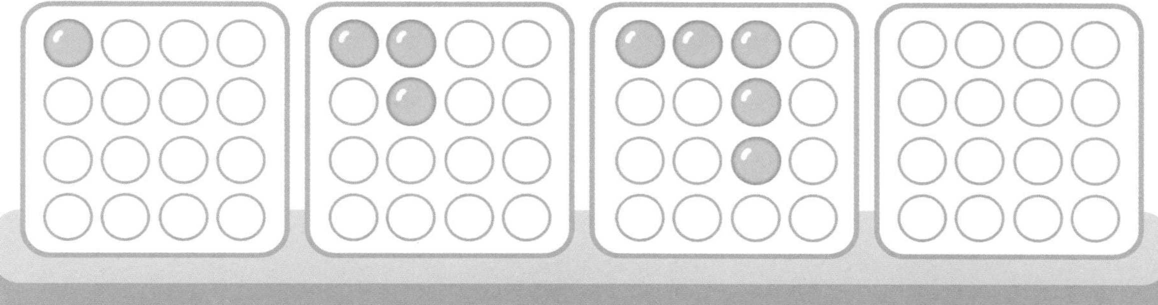

5

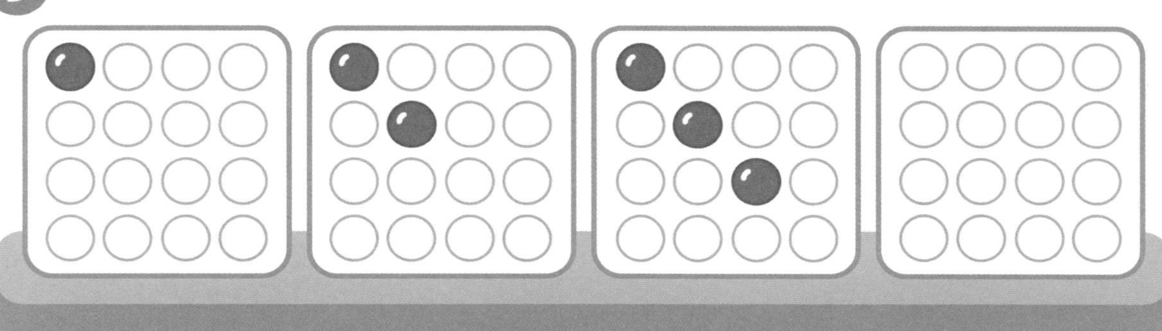

6

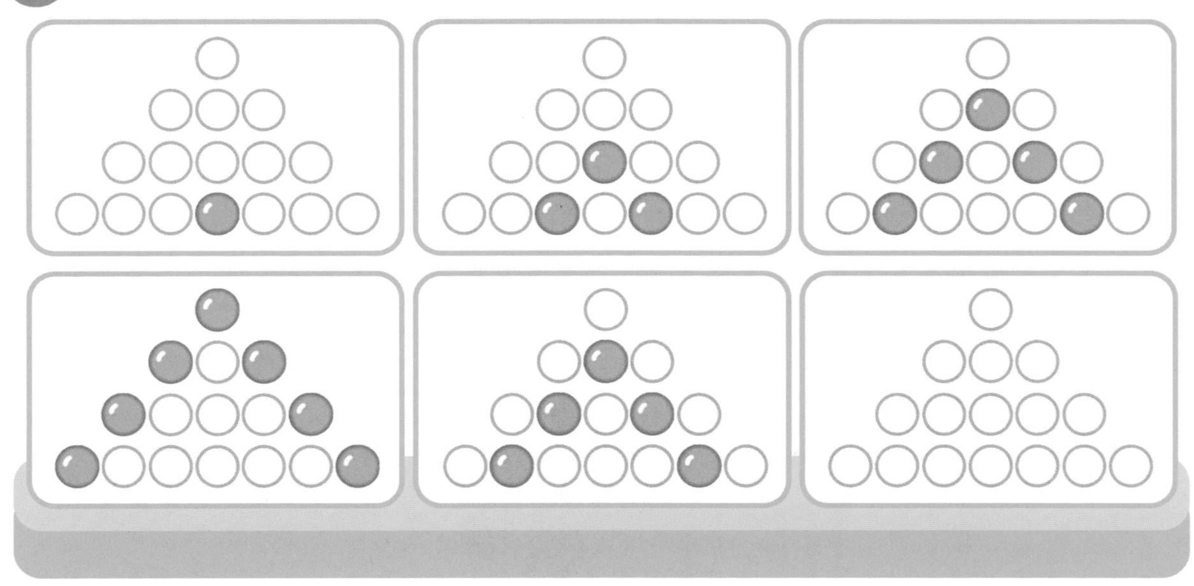

응용력이 커져요

1. 수와 도형 규칙

쌓기나무로 놀아요

쌓기나무를 놓은 규칙에 따라 빈 곳에 알맞게 색칠해 보세요.

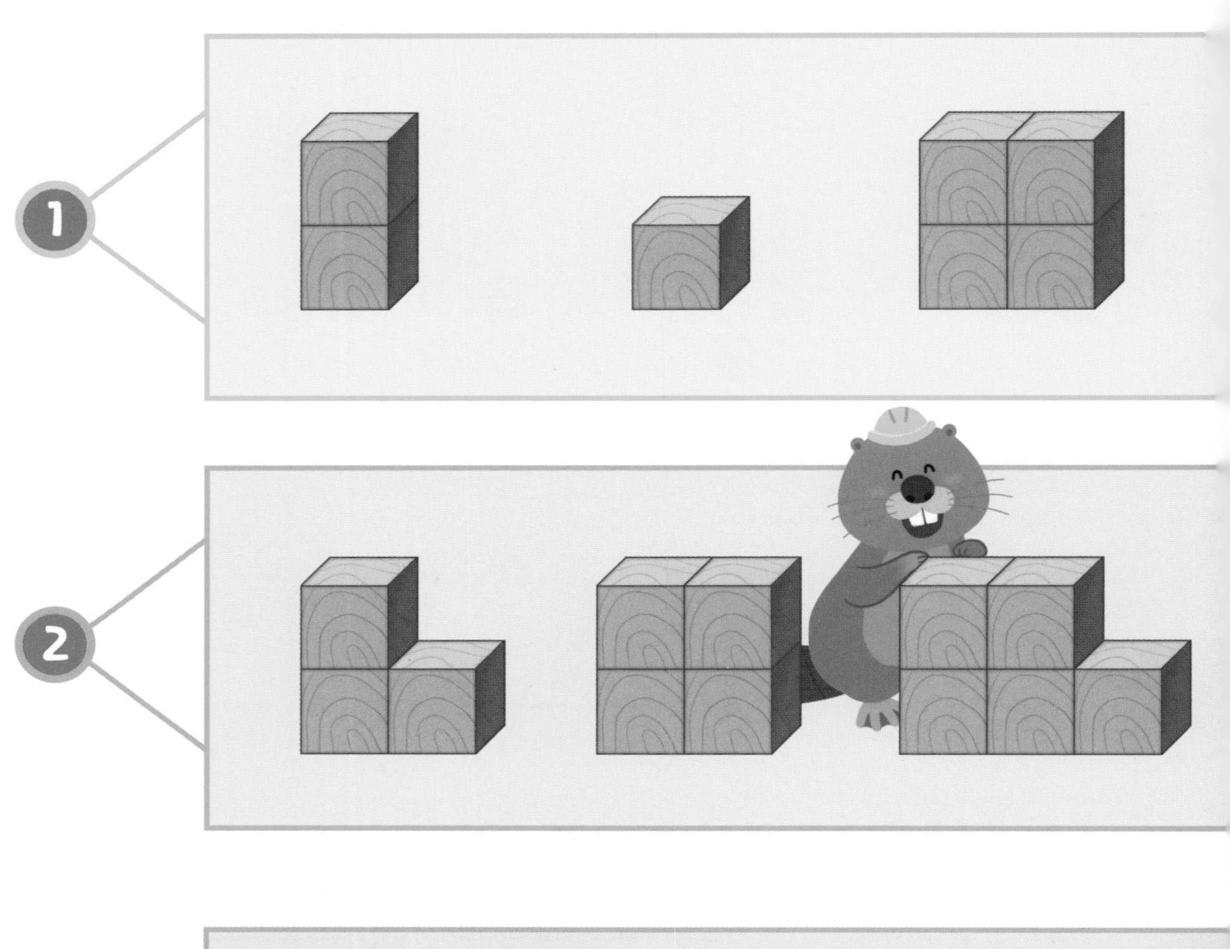

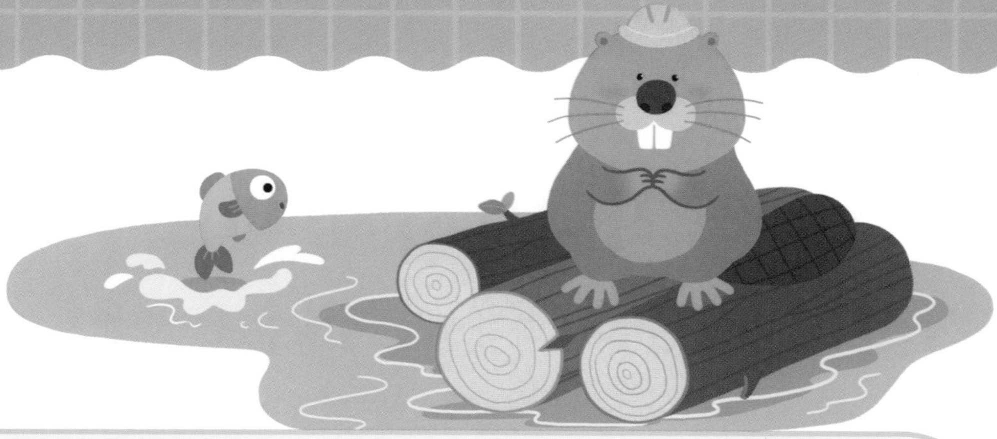

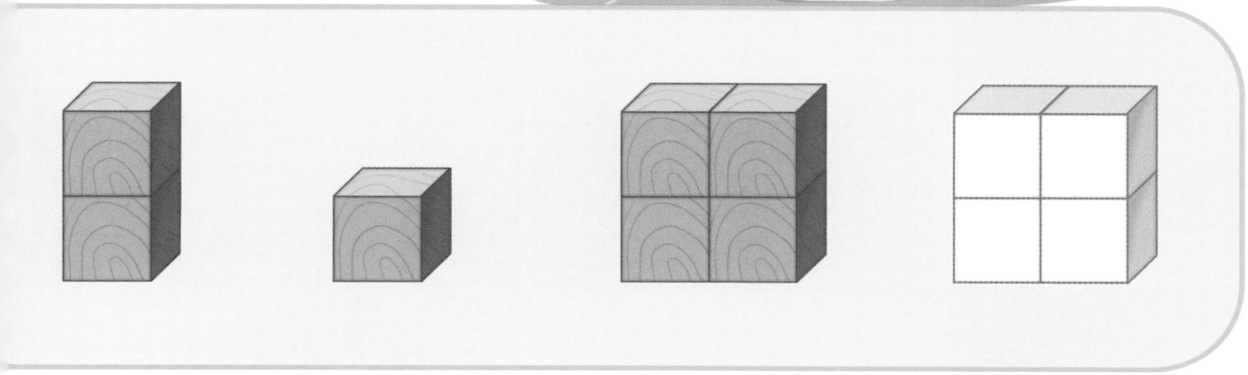

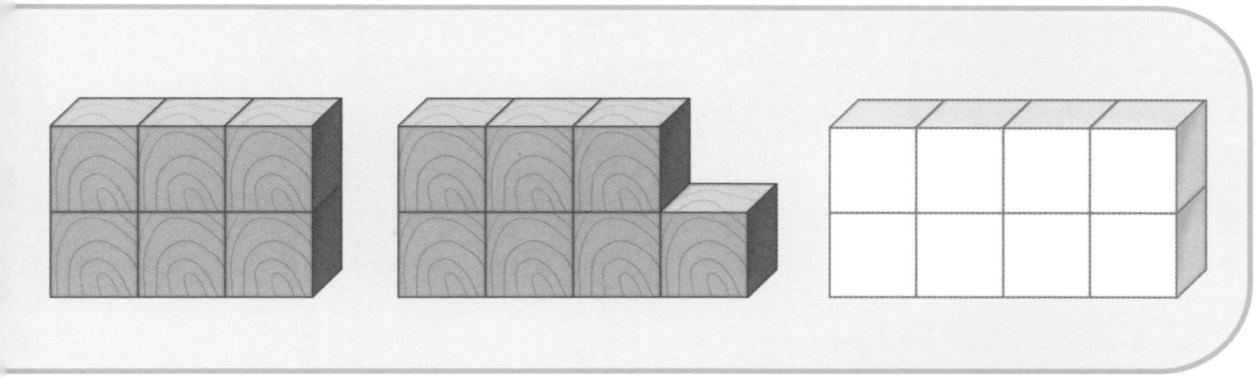

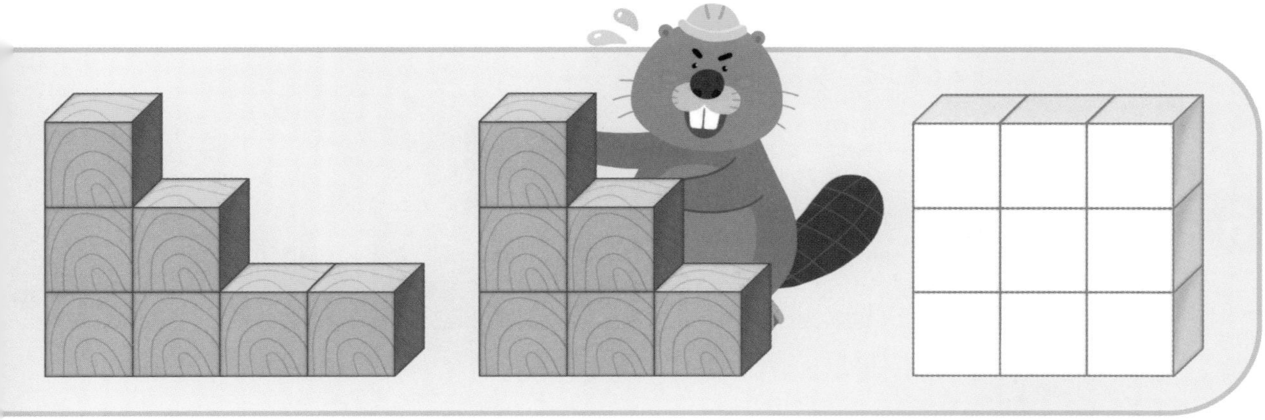

응용력이 커져요
1. 수와 도형 규칙

쌓기나무를 칠해요

쌓기나무를 놓은 규칙에 따라 빈 곳에 알맞게 색칠해 보세요.

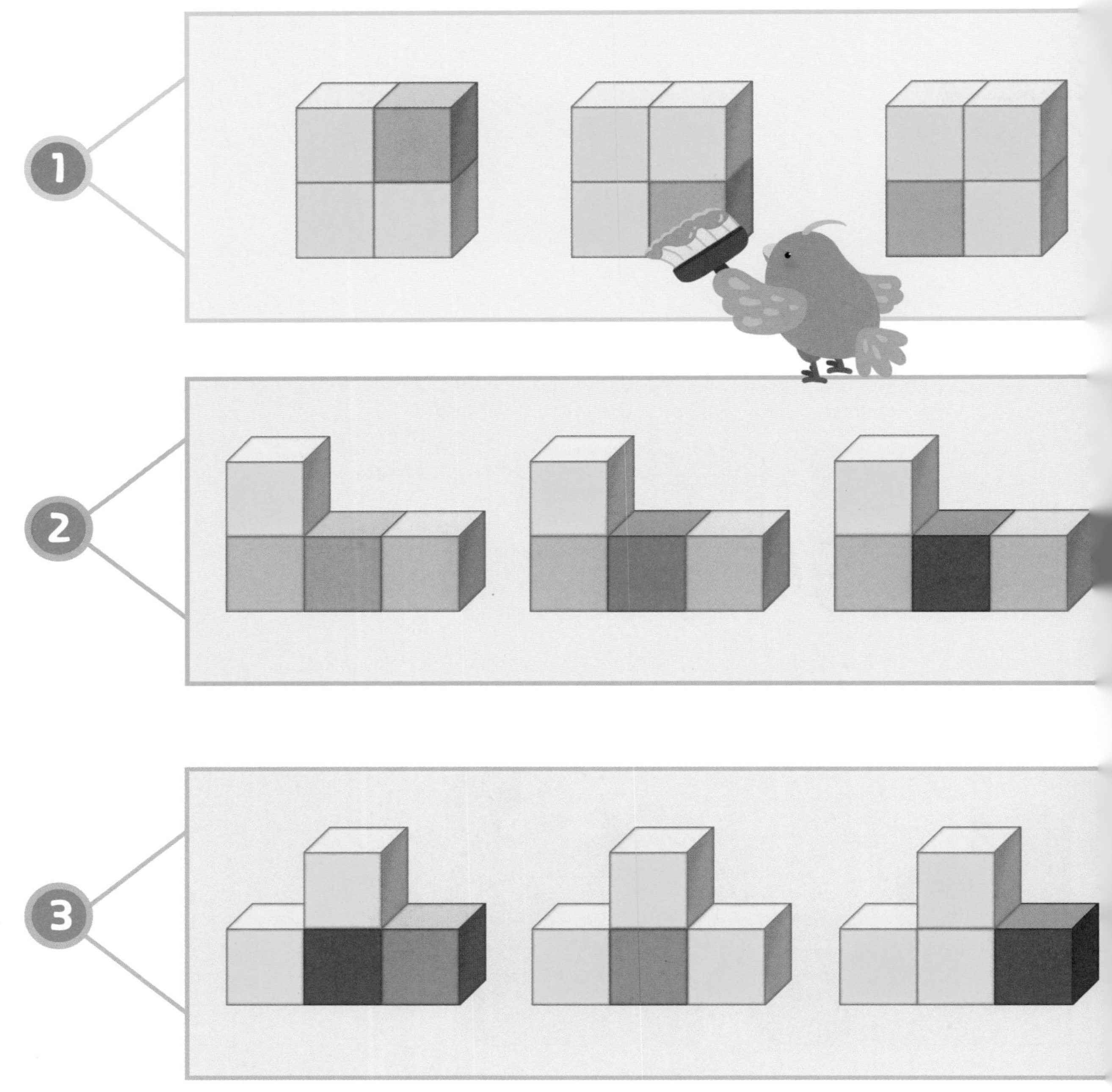

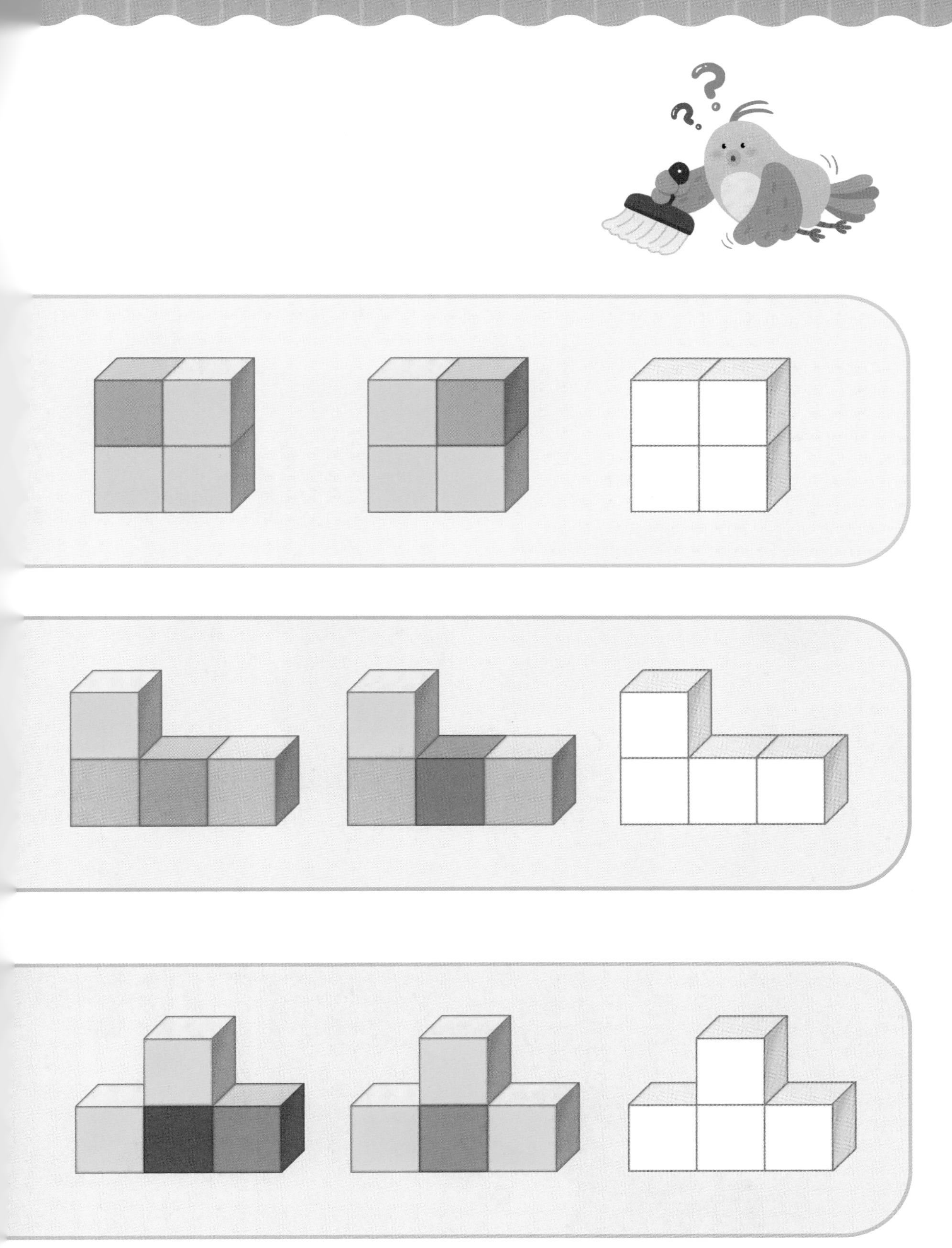

창의력이 샘솟아요

1. 수와 도형 규칙

규칙대로 블록 쌓기

블록을 쌓은 규칙을 찾아 빈 곳에 알맞게 색칠해 보세요.

나만의 규칙

나만의 수 규칙을 만들어 빈칸에 써 보세요.

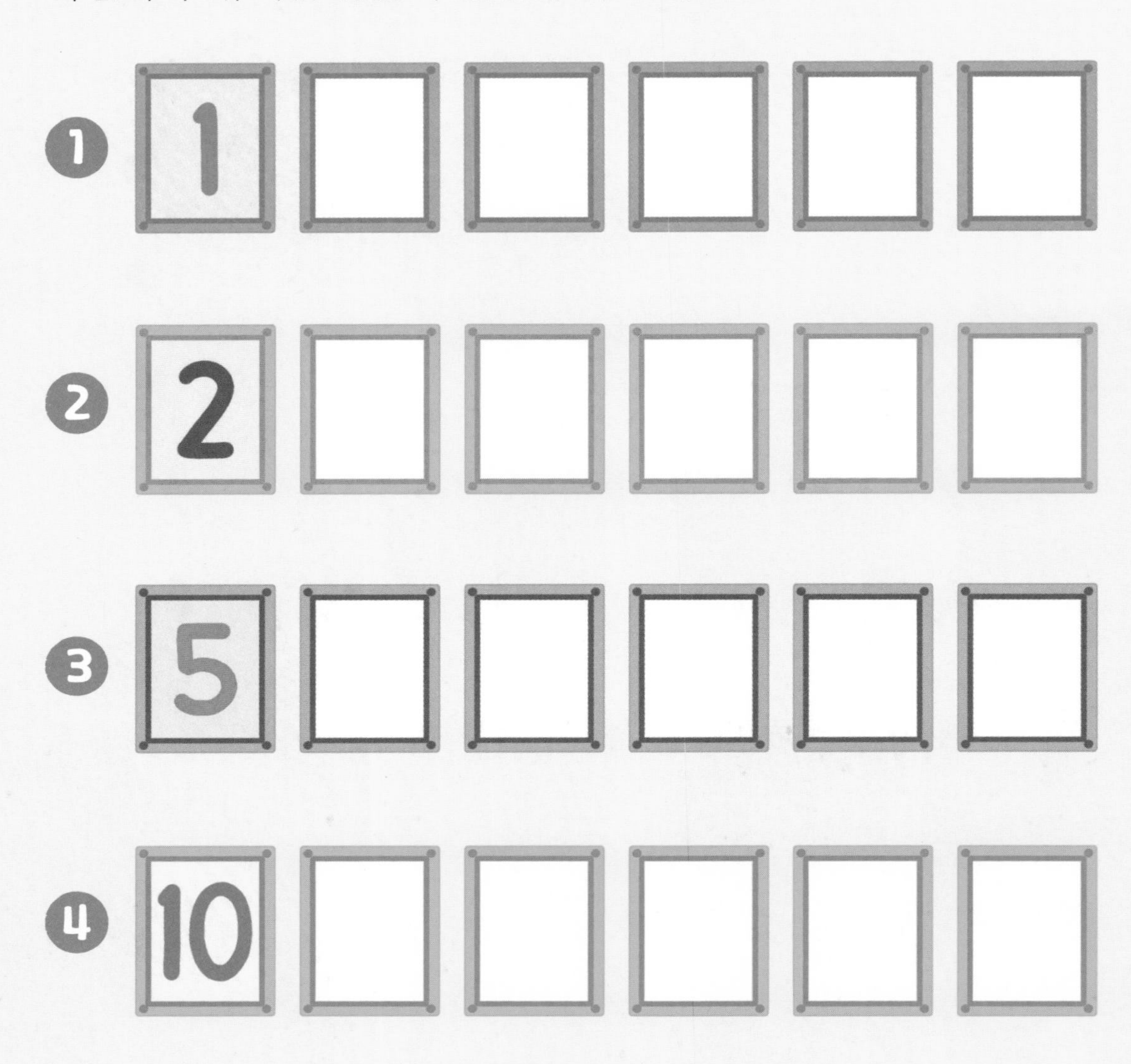

나만의 도형 규칙을 만들어 빈칸에 그리거나 색칠해 보세요.

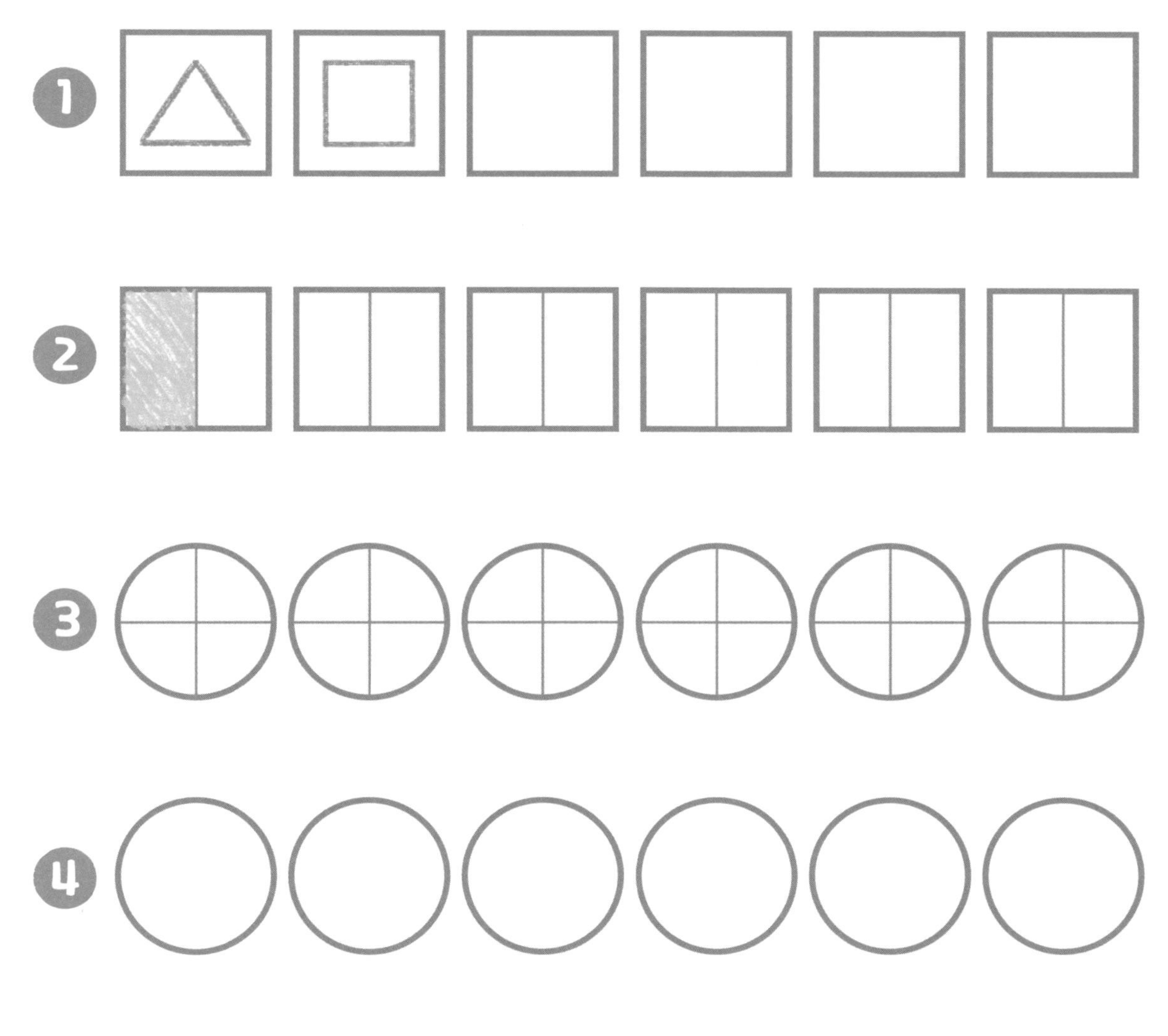

생각이 자라요
2. 관계 규칙

마술 지팡이

마술사가 공연을 시작했어요. 마술 지팡이로 두드리면 사탕이 늘어나는 규칙을 찾아 붙임 딱지를 붙여 보세요.

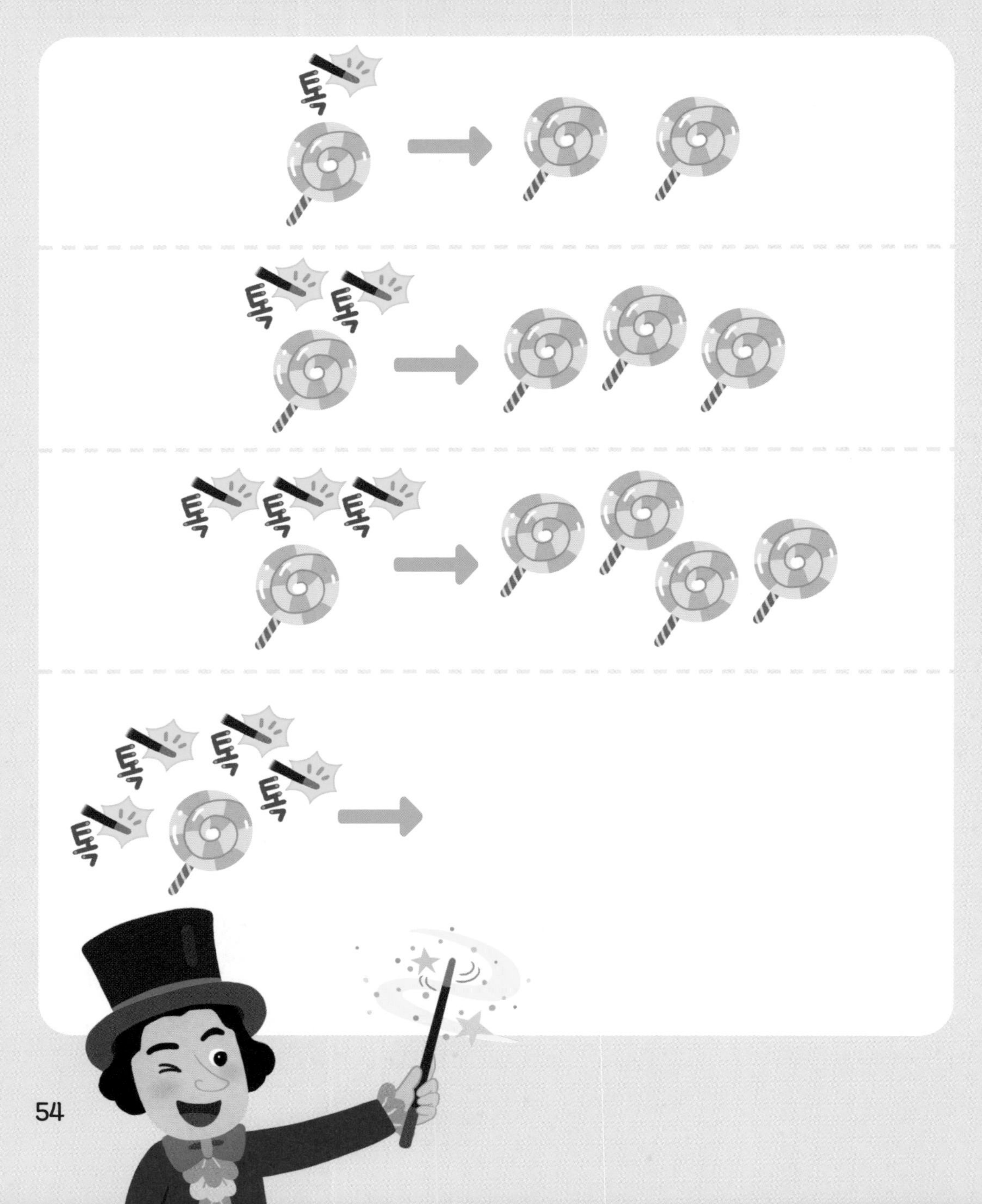

마술 지팡이로 장난감을 두드리면 몇 개가 나올지 붙임 딱지를 붙여 보세요.

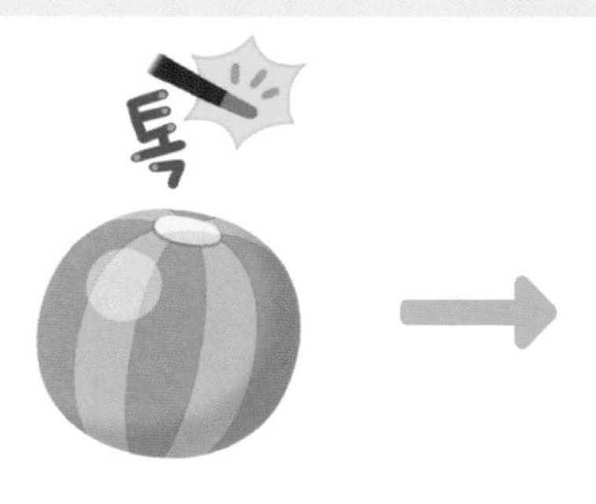

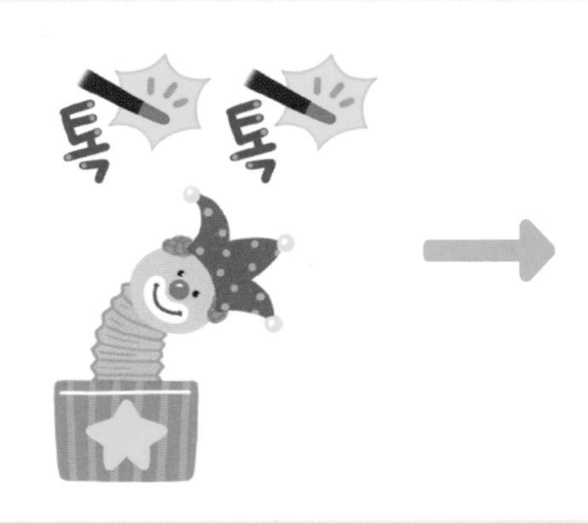

응용력이 커져요
2. 관계 규칙

장난감 자판기

동전을 넣으면 장난감이 나오는 자판기가 있어요. 동전 개수에 따라 장난감이 몇 개 나오는지 써 보세요.

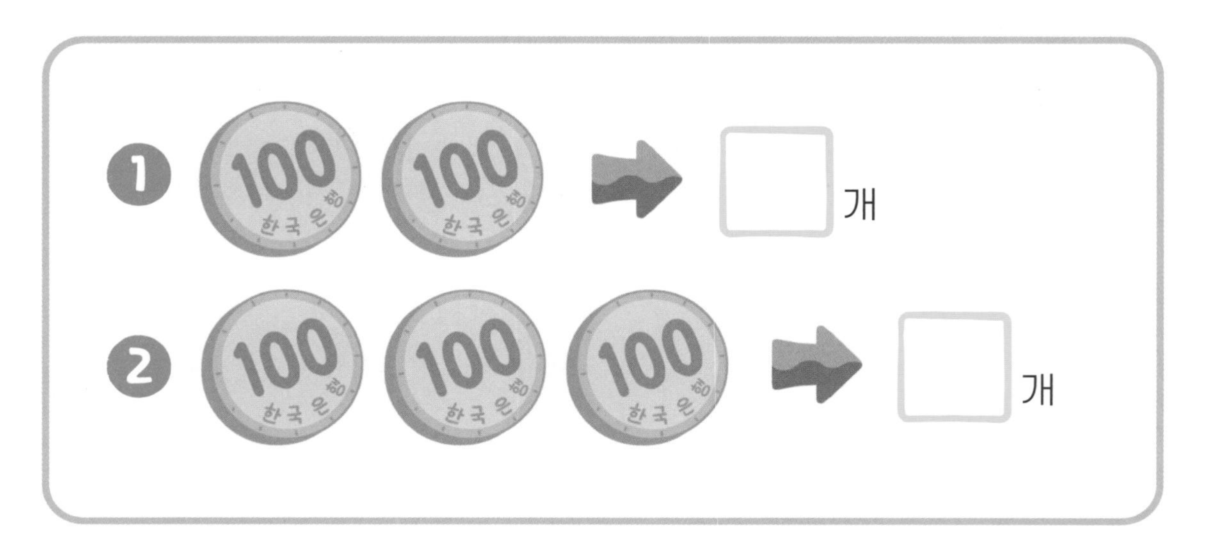

동전 2개를
넣었더니 장난감
3개가 나왔어.
100
한국은행
100
한국은행

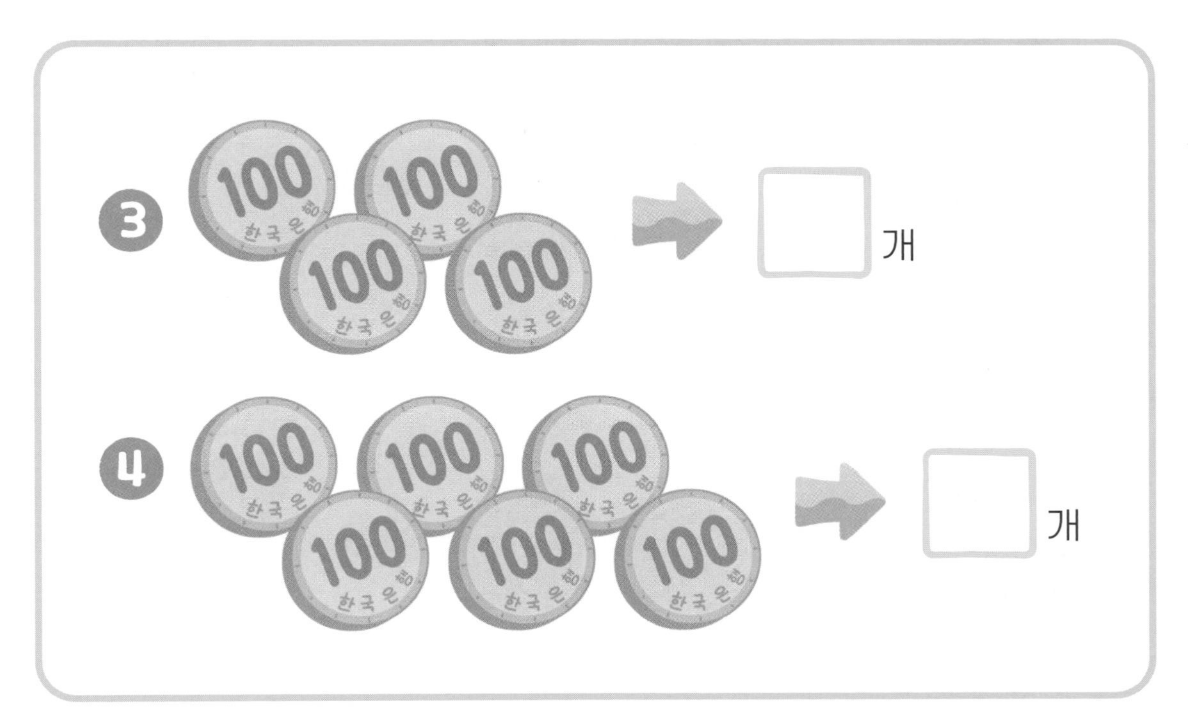
3
100
100
100
100
개
4
100
100
100
100
100
100
개

응용력이 커져요
2. 관계 규칙

마술상자

마술 상자를 지나면 모자 색깔이 바뀌어요. 모자 색깔이 바뀌는 규칙을 찾아 빈 곳에 색칠해 보세요.

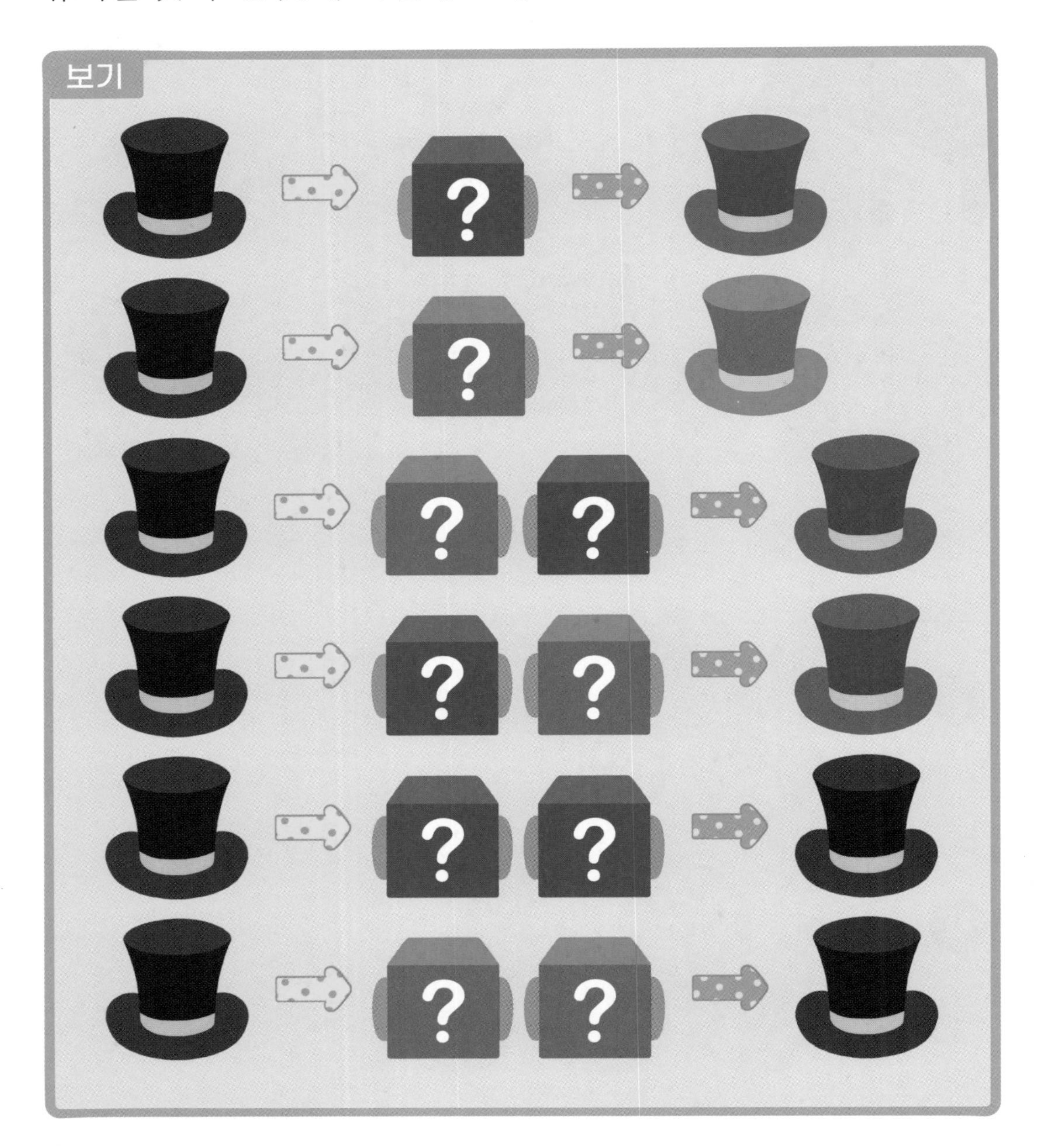

1
?
2
?
?
3
?
?
?
?

창의력이 샘솟아요
2.관계 규칙

수의 관계

수 사이의 규칙을 찾아 빈칸에 알맞은 수를 써 보세요.

5

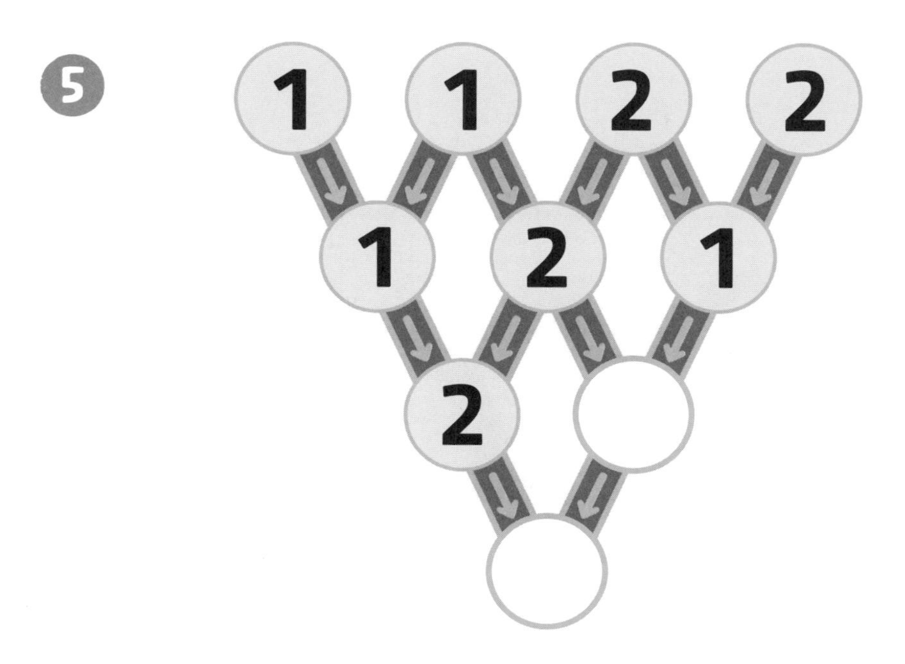

6

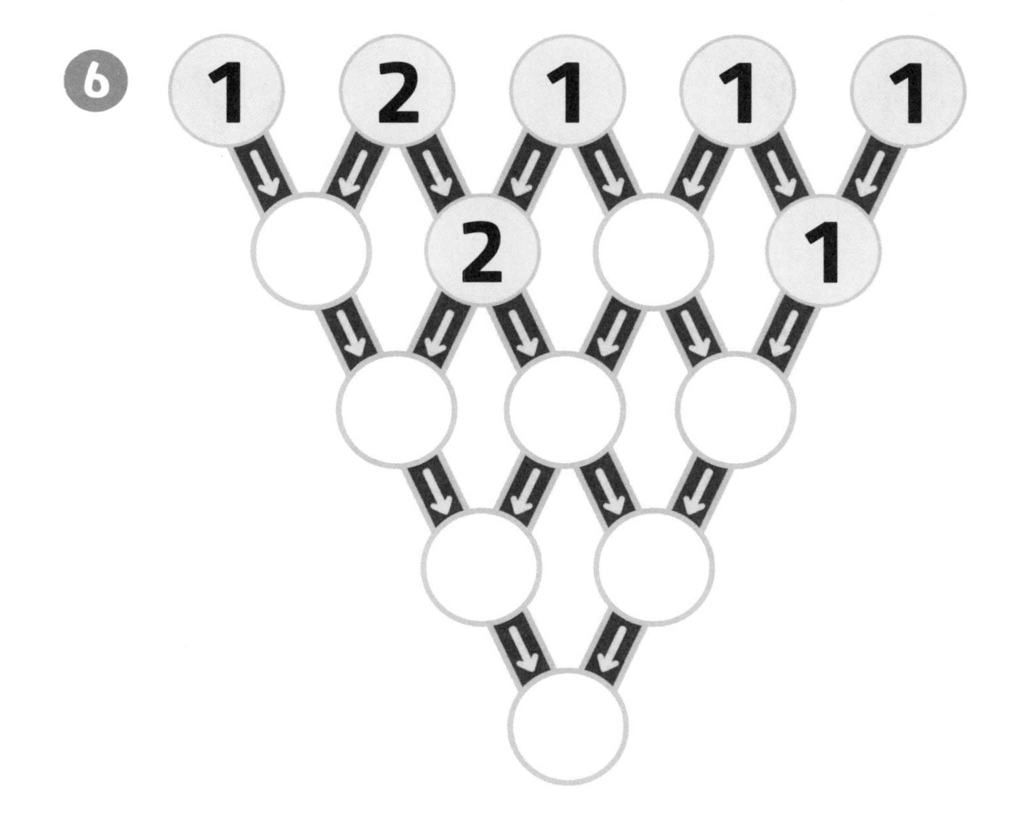

창의력이 샘솟아요

2.관계 규칙

색의 관계

색이 나오는 규칙을 찾아 빈칸을 알맞게 색칠해 보세요.

보기
두 색이 다르면
빨간색, 같으면
파란색이 나와.

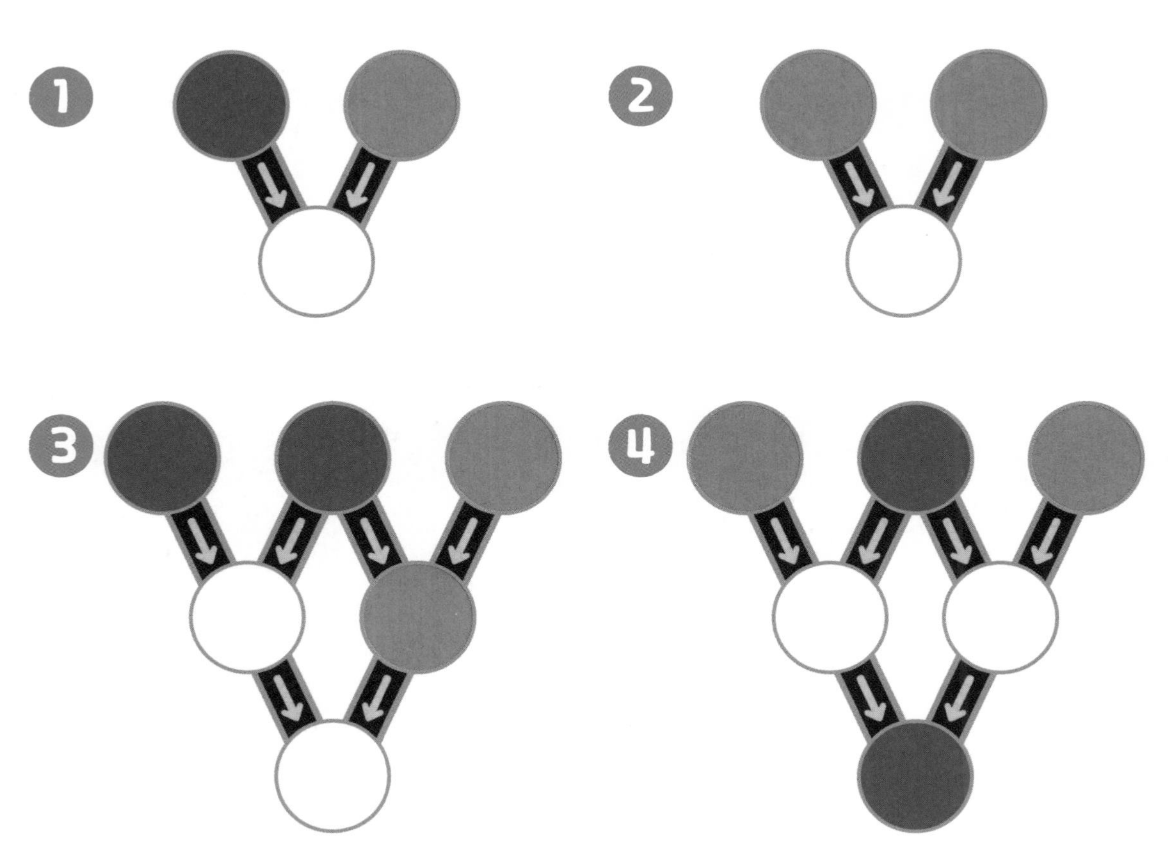

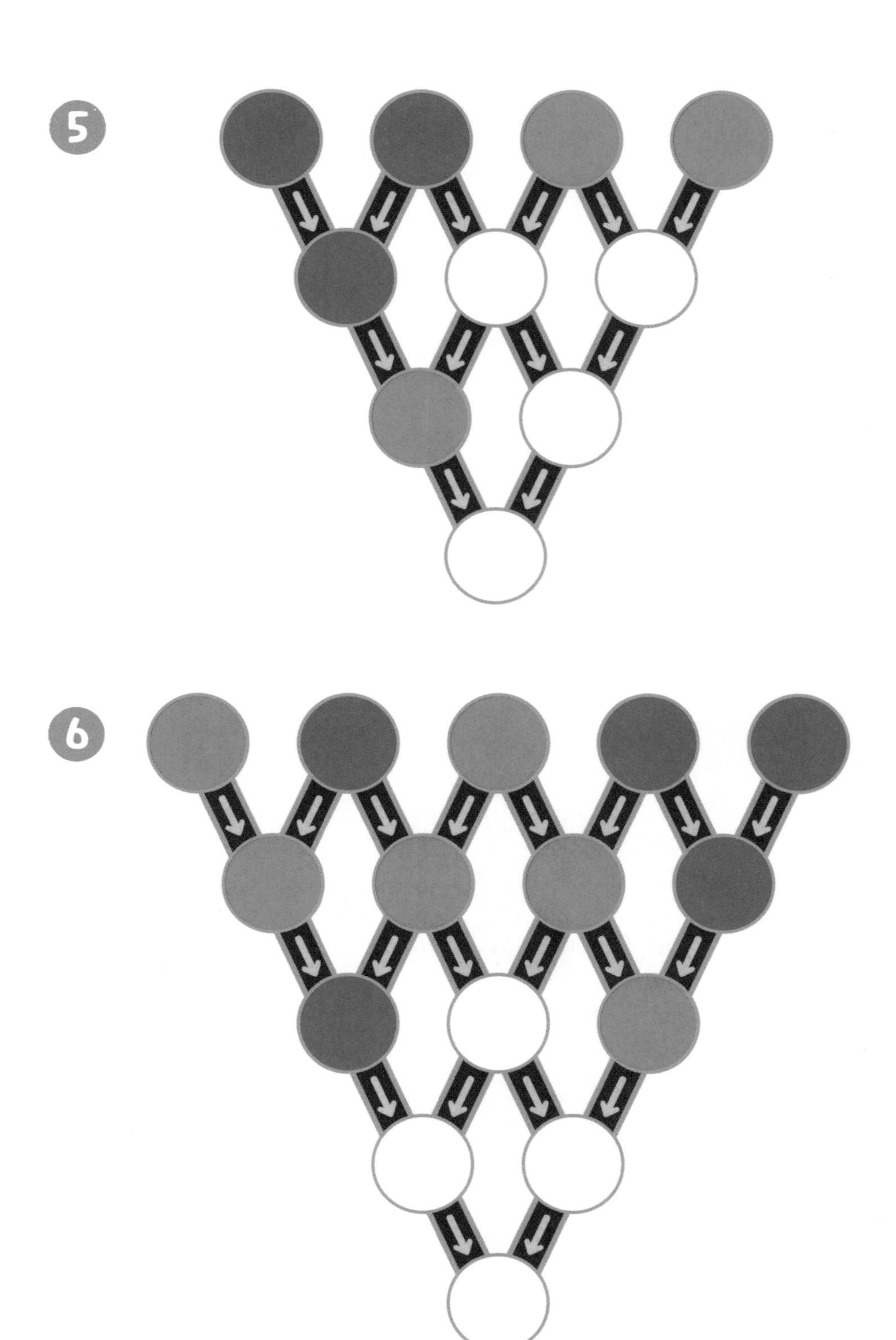
5
6

3장

여러 가지 문제 해결

1. 그림 문제 해결
2. 논리 문제 해결

학습 목표

① 그림으로 제시된 조건을 이해하고 문제를 해결할 수 있어요.

② 참과 거짓 등의 논리 문제를 해결할 수 있어요.

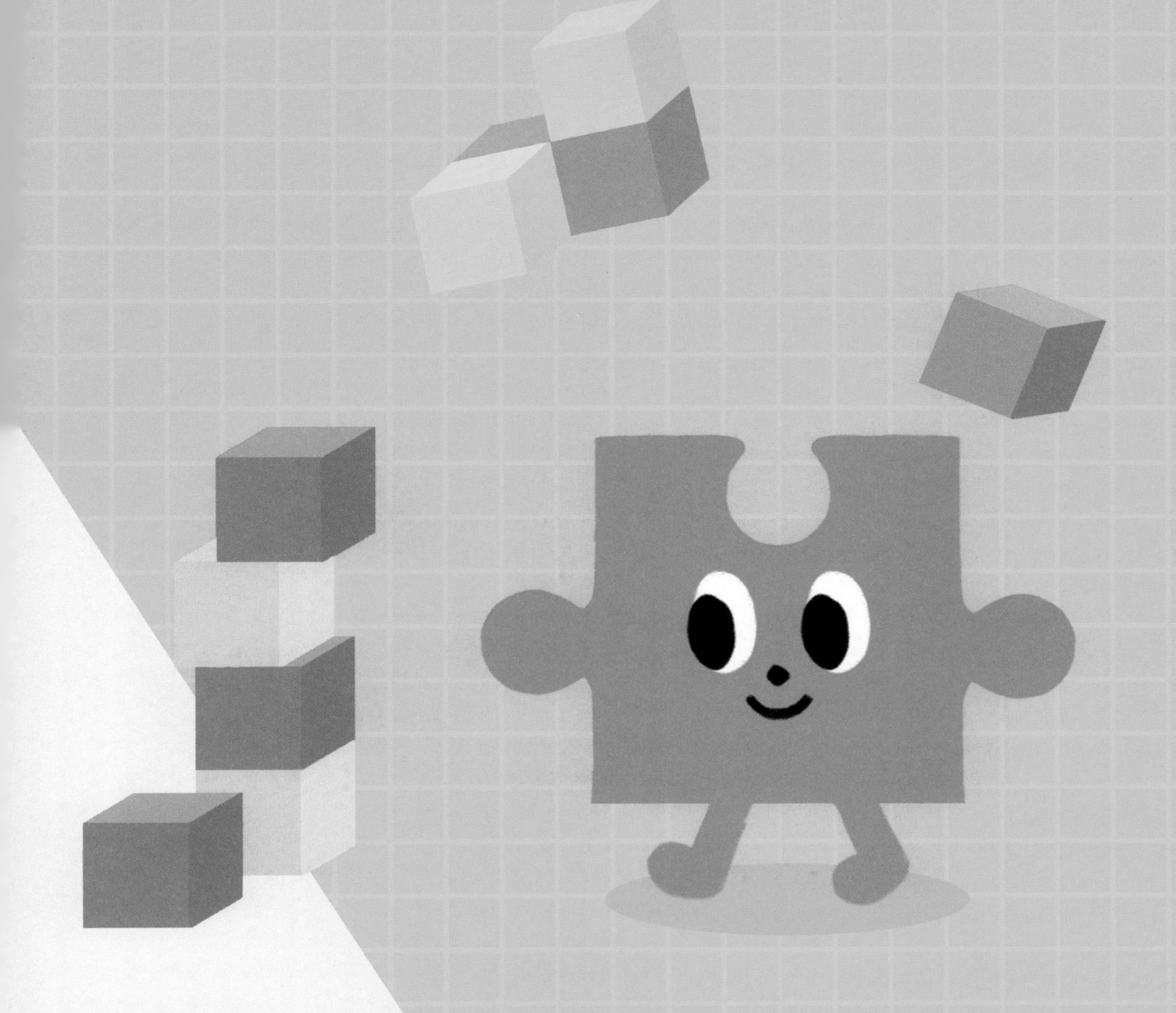

생각이 자라요
1.그림 문제 해결

타일 붙이기

아기 돼지 삼 형제가 타일로 벽을 꾸며요. 활동지에서 타일을 오려 왼쪽과 똑같이 붙여 보세요.

보기
주어진 타일을 활동지에서 잘라 봐.

②

3

응용력이 커져요

1. 그림 문제 해결

똑같은 로봇을 찾아요

주어진 로봇과 똑같은 로봇을 찾아 ○표 해 보세요.

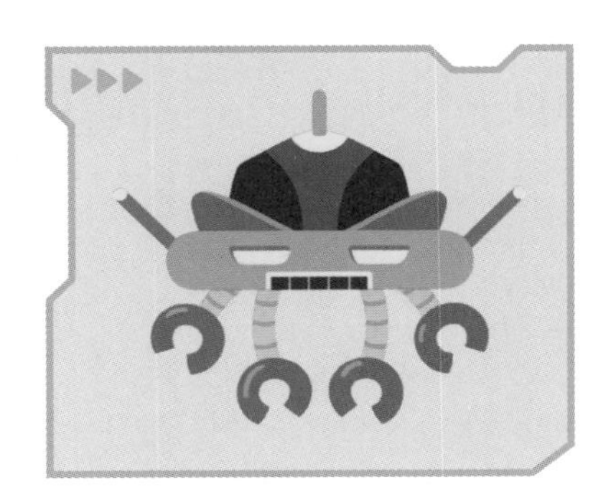

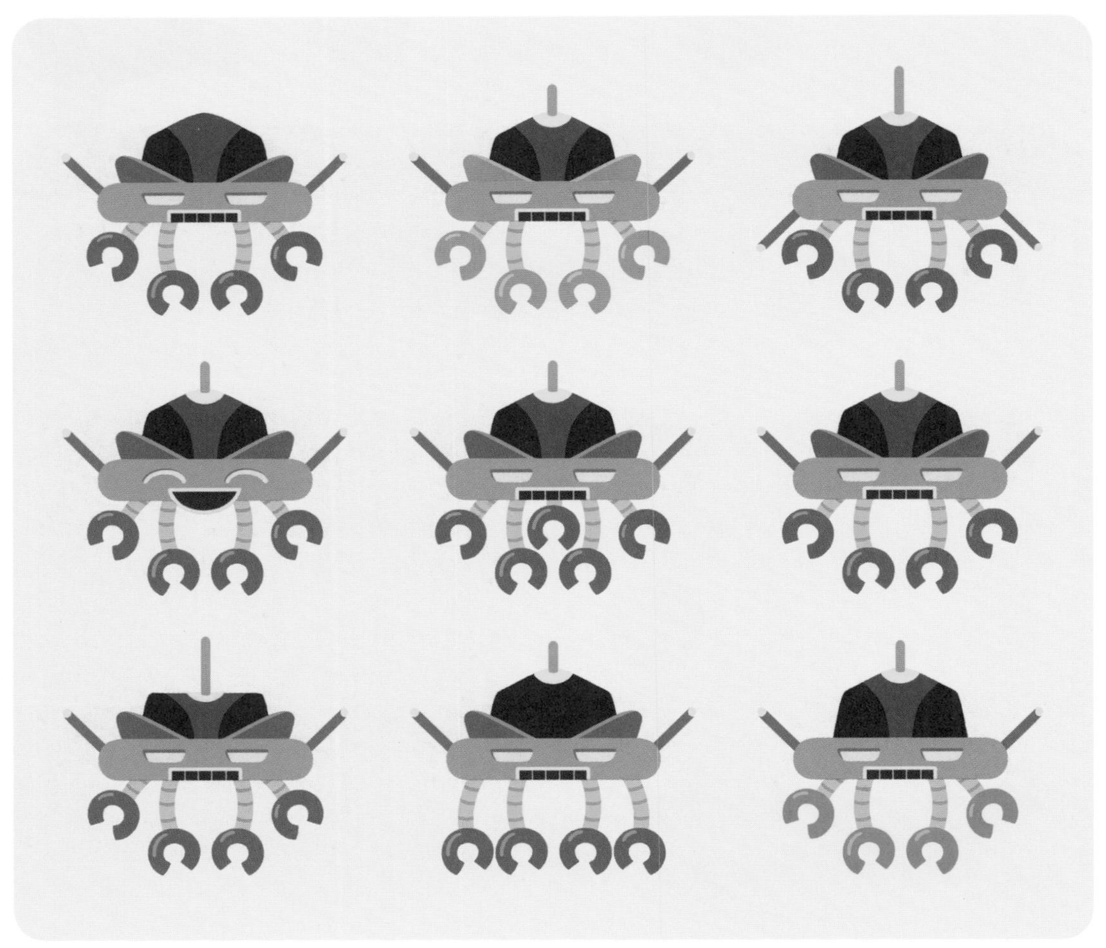

2

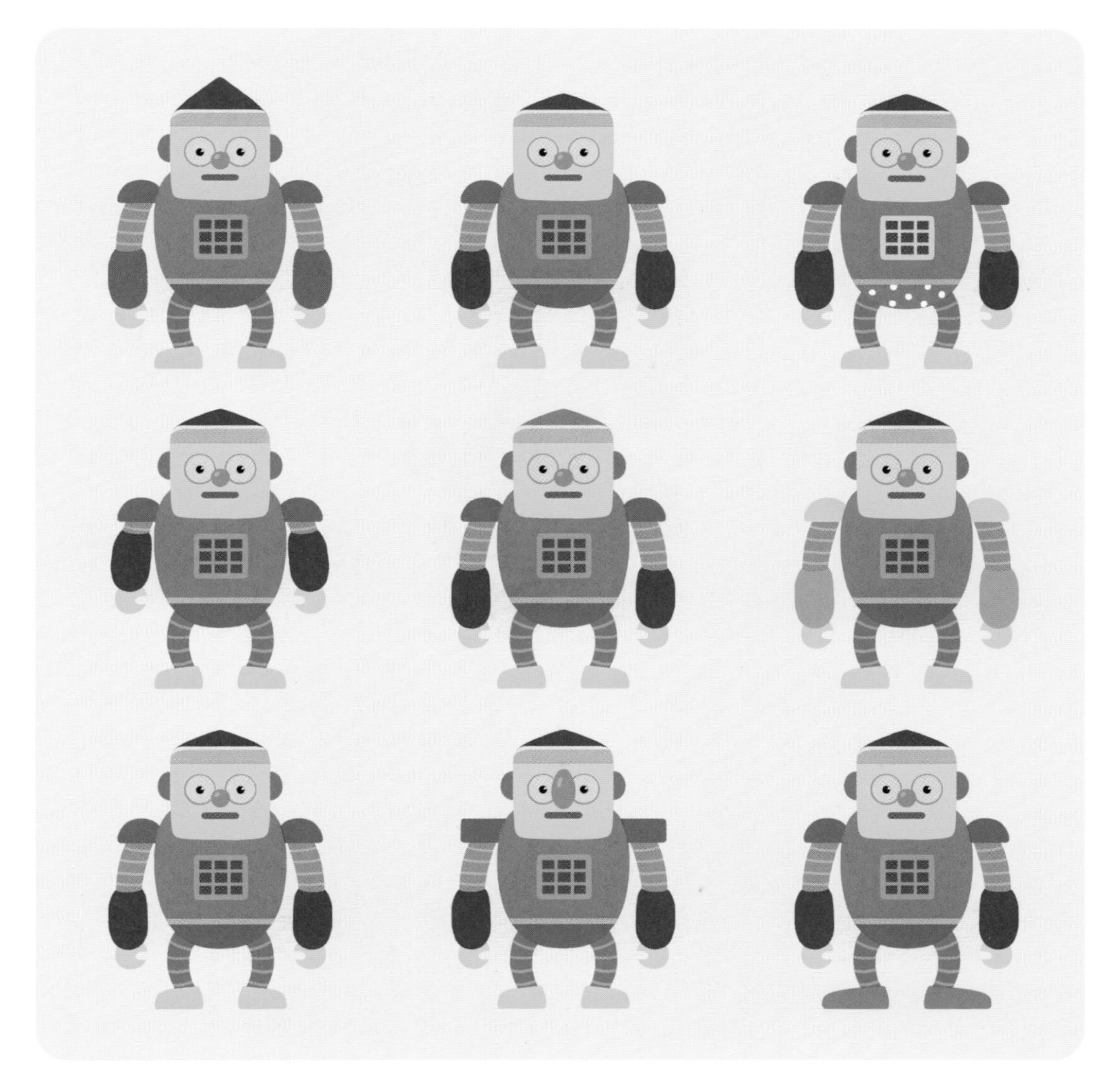

응용력이 커져요

1. 그림 문제 해결

그림자를 찾아요

늑대와 돼지의 그림자를 찾아 ○표 해 보세요.

1

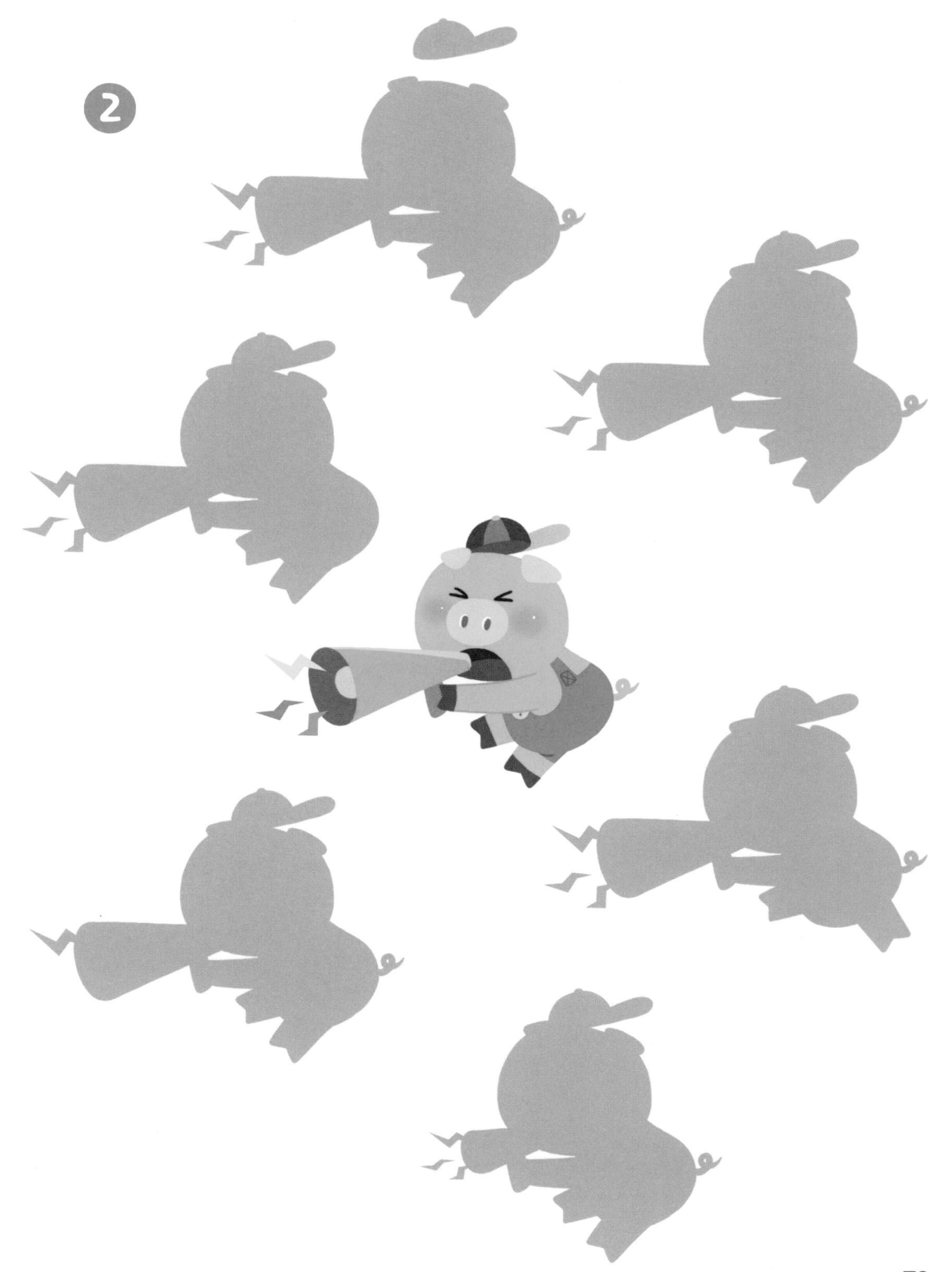
2

응용력이 커져요

1. 그림 문제 해결

왼손과 오른손

다양한 손 모양을 보고 오른손을 모두 찾아 ○표 해 보세요.

손으로 직접
똑같은 모양을
만들어 보면 쉽게
찾을 수 있어.

나머지와 다른 한 손을 찾아 ○표 해 보세요.

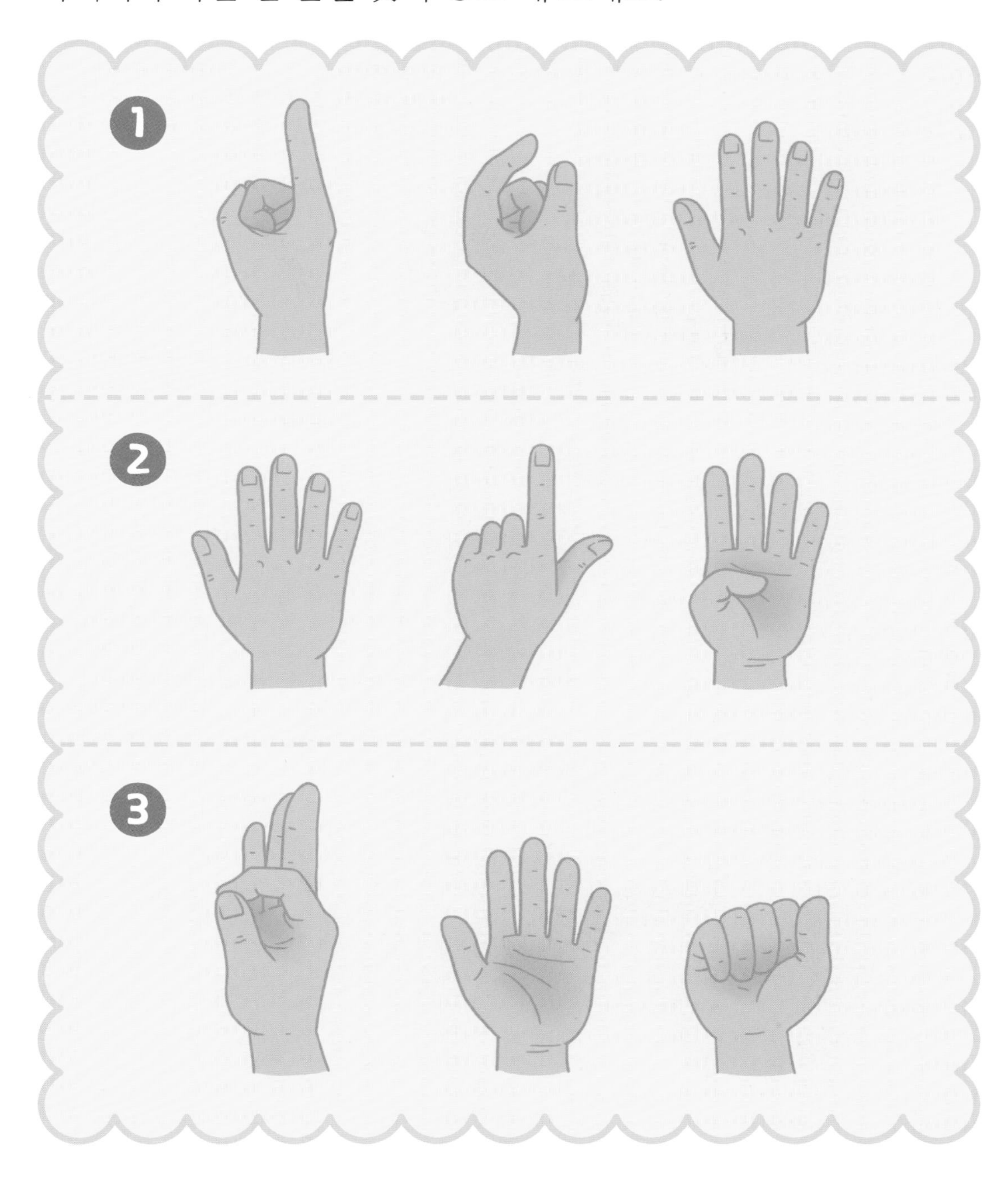

창의력이 샘솟아요

1. 그림 문제 해결

도구의 순서

가장 위에 놓인 도구부터 순서대로 번호를 써 보세요.

1

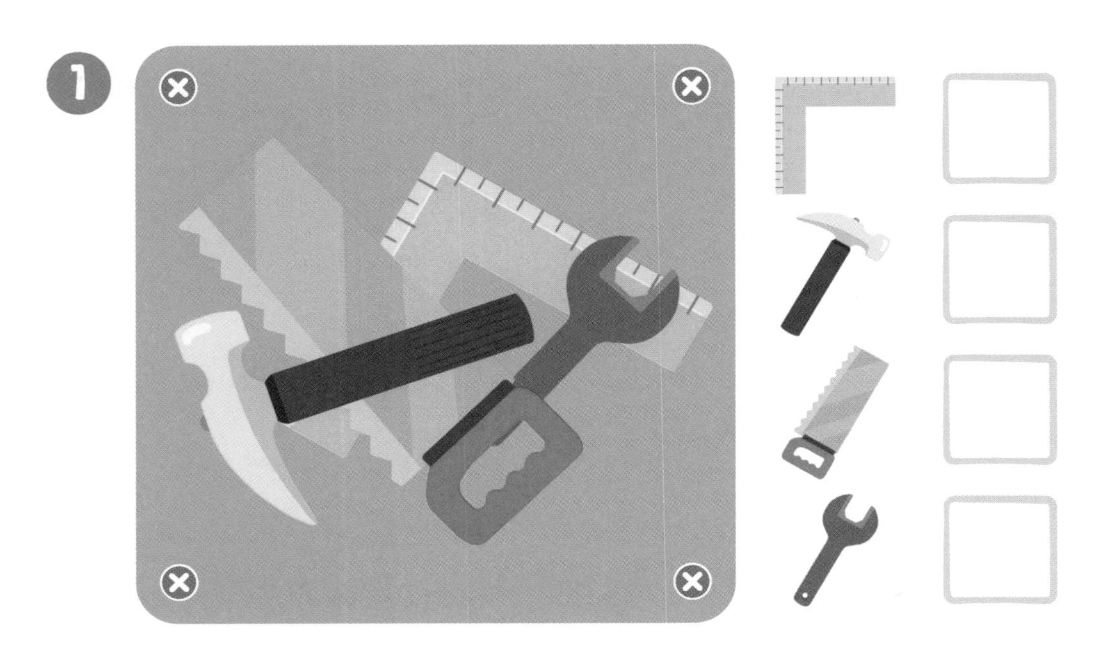

2

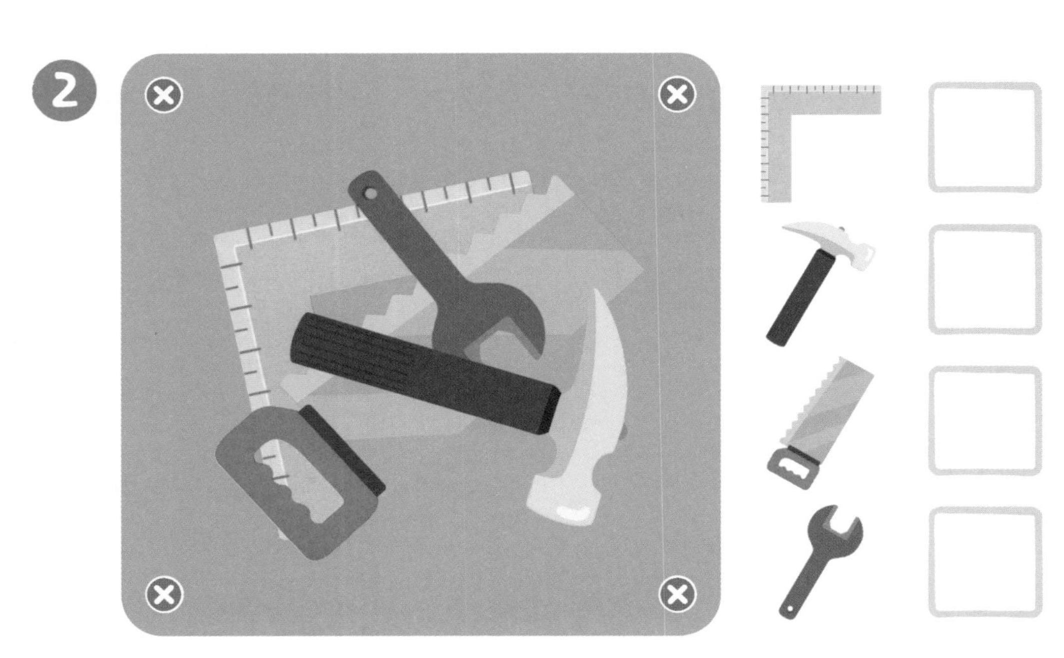

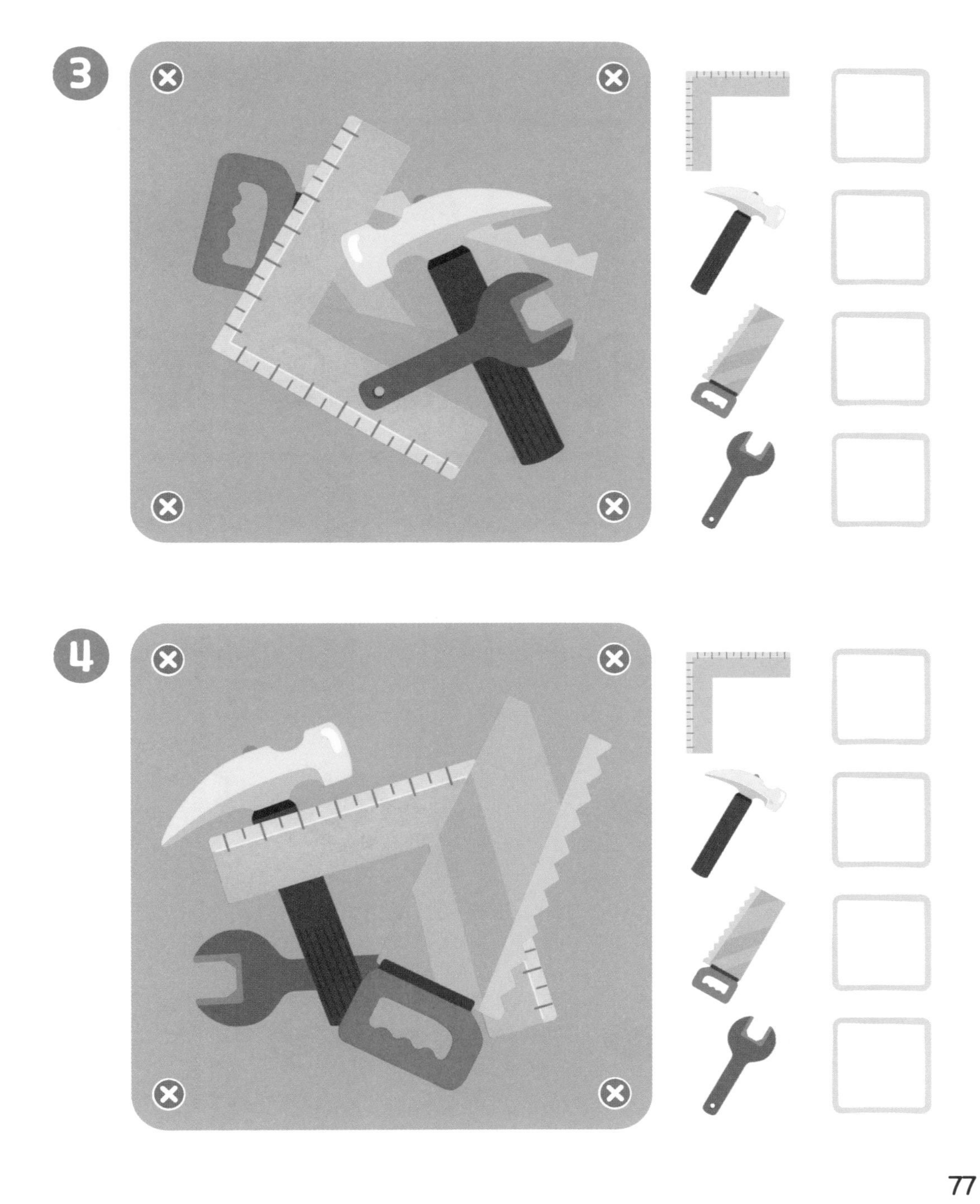
3
4

생각이 자라요
2.논리 문제 해결

어떤 색이 나올까?

1 푯말이 나타내는 규칙에 따라 빈 모양을 색칠해 보세요.

보기

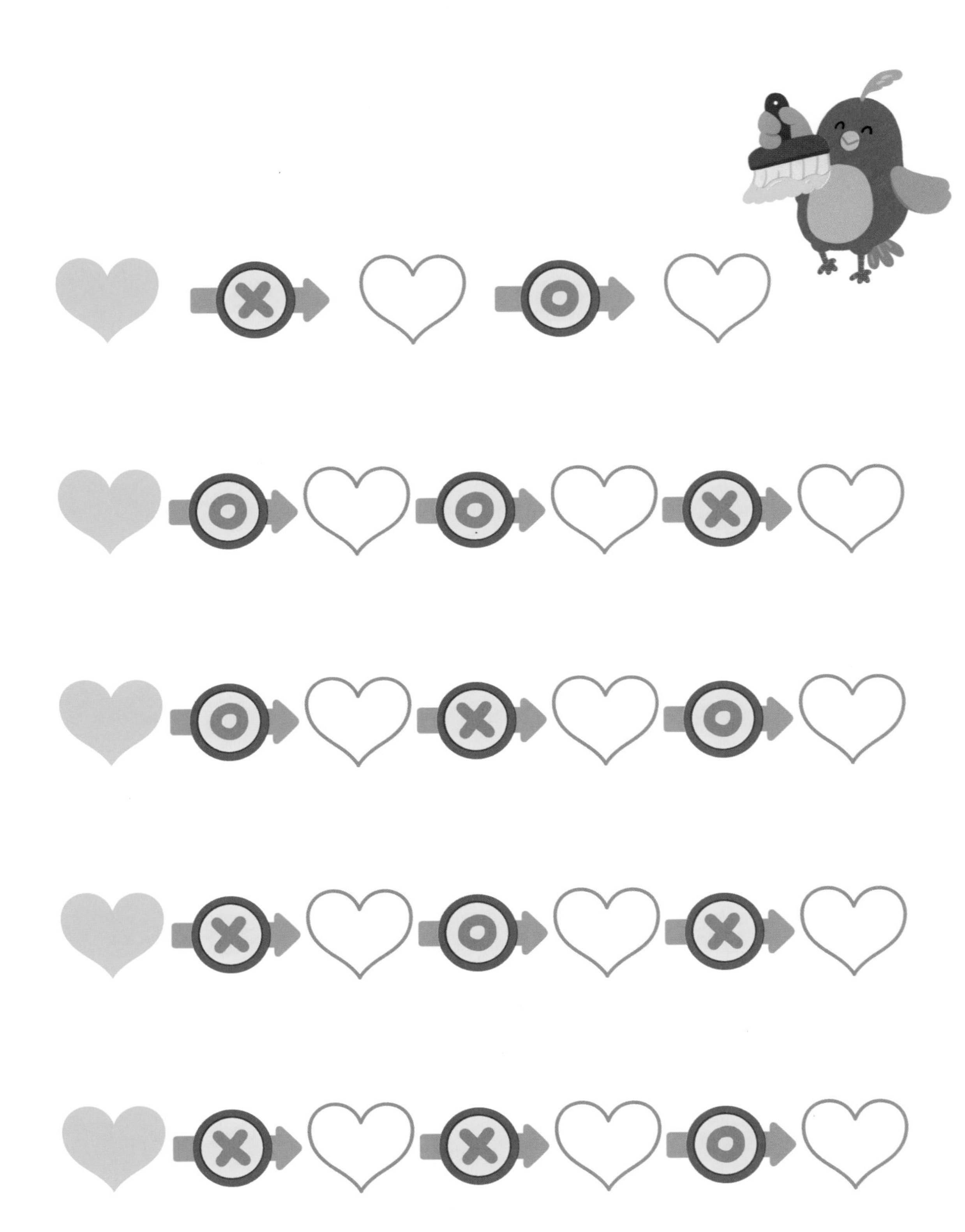

2 푯말이 나타내는 규칙에 따라 마지막 모양에 색칠해 보세요.

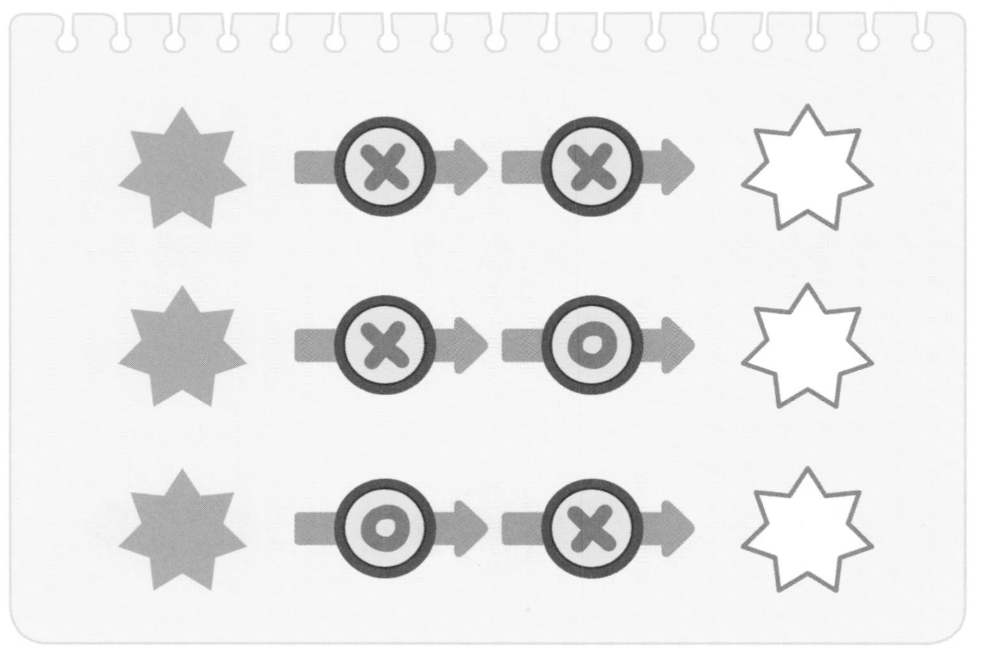

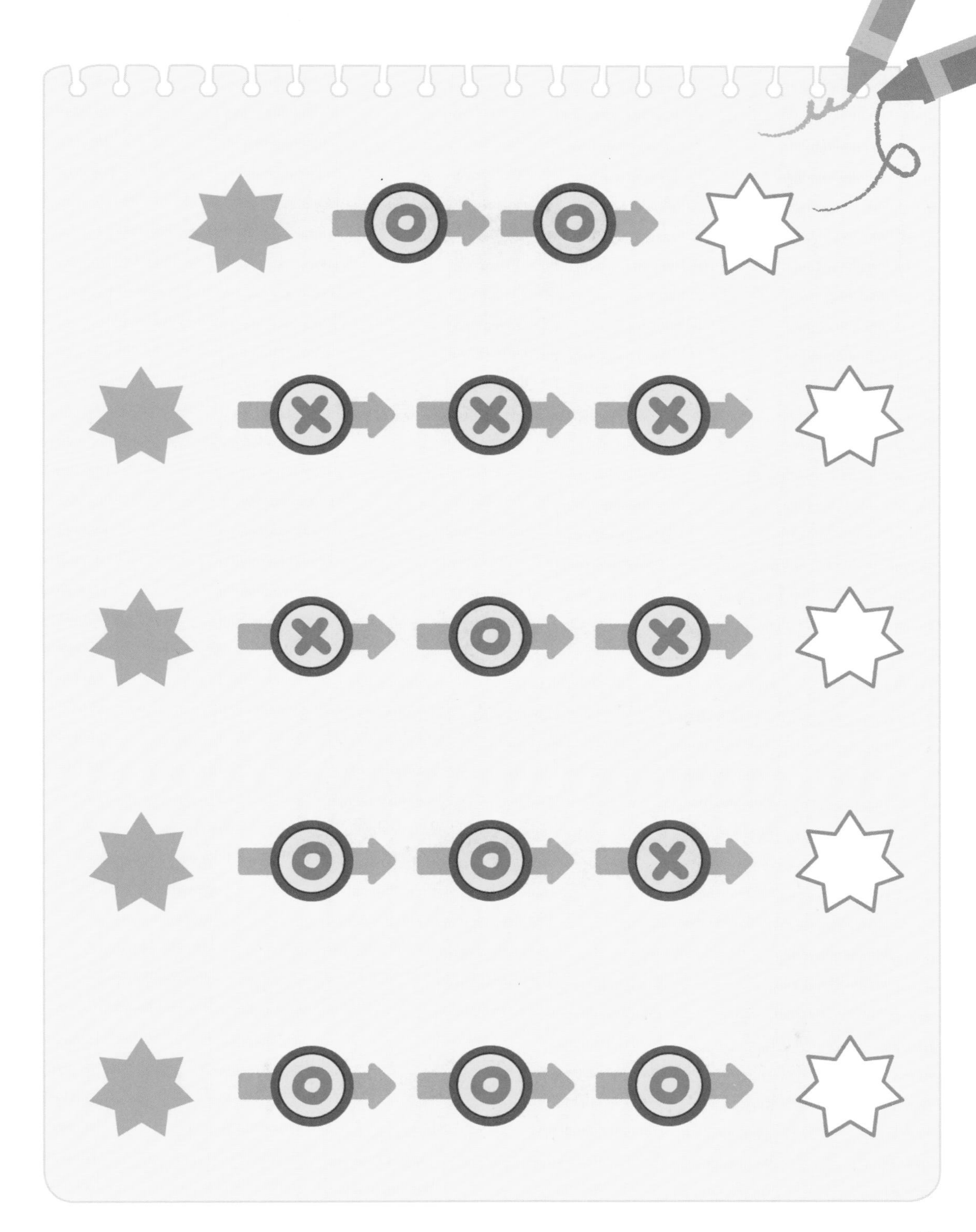

응용력이 커져요
2.논리 문제 해결

OX퀴즈

그림을 보고 설명이 맞으면 ○표, 틀리면 X표 해 보세요.

늑대가 자전거를 타요. ☐

늑대가 스케이트를 타요. ☐

돼지가 사과를 먹어요. ☐

돼지가 바나나를 먹어요. ☐

 양이 모자를 쓰지 않았어요. ☐

 돼지가 모자를 썼어요. ☐

 원숭이가 줄넘기를 해요. ☐

 원숭이가 달리기를 해요. ☐

응용력이 커져요

2.논리 문제 해결

누구일까요?

동물들이 ◎, ⊗로 대답한 내용을 보고 누구인지 붙임 딱지를 붙여 보세요.

1 

염소입니다.	여우입니다.
✕	○
○	✕

2 

토끼가 아닙니다.	강아지입니다.
○	○
✕	✕

3

코끼리가 아닙니다.	사슴입니다.
○	○
×	×
○	×

4

너구리가 아닙니다.	양이 아닙니다.
×	○
○	○
○	×

응용력이 커져요

2.논리 문제 해결

가위바위보 놀이

가위바위보에서 이긴 친구를 찾아 ○표 해 보세요.

2

3

가위바위보에서 이긴 손 쪽으로 선을 이어 보세요. (가로 또는 세로 방향으로만 움직일 수 있어요.)

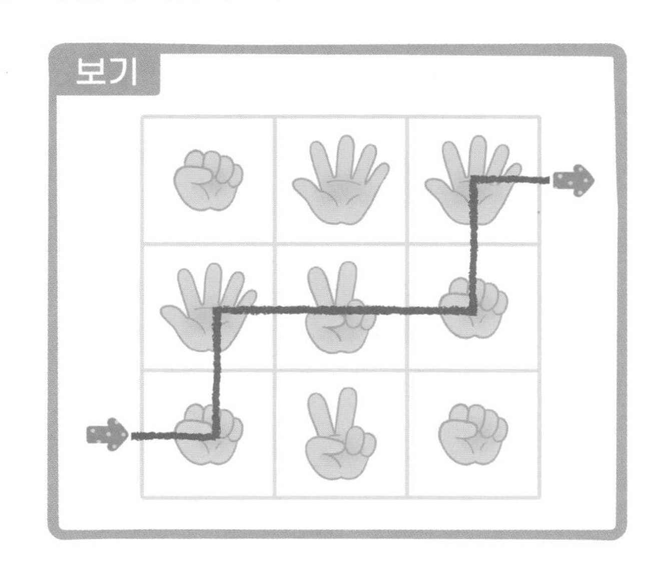

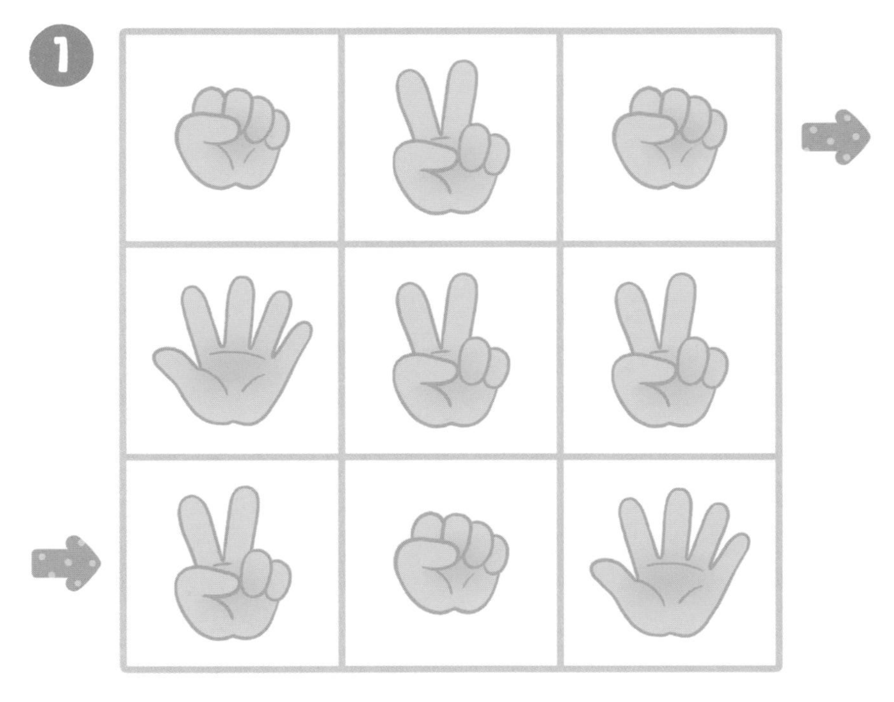

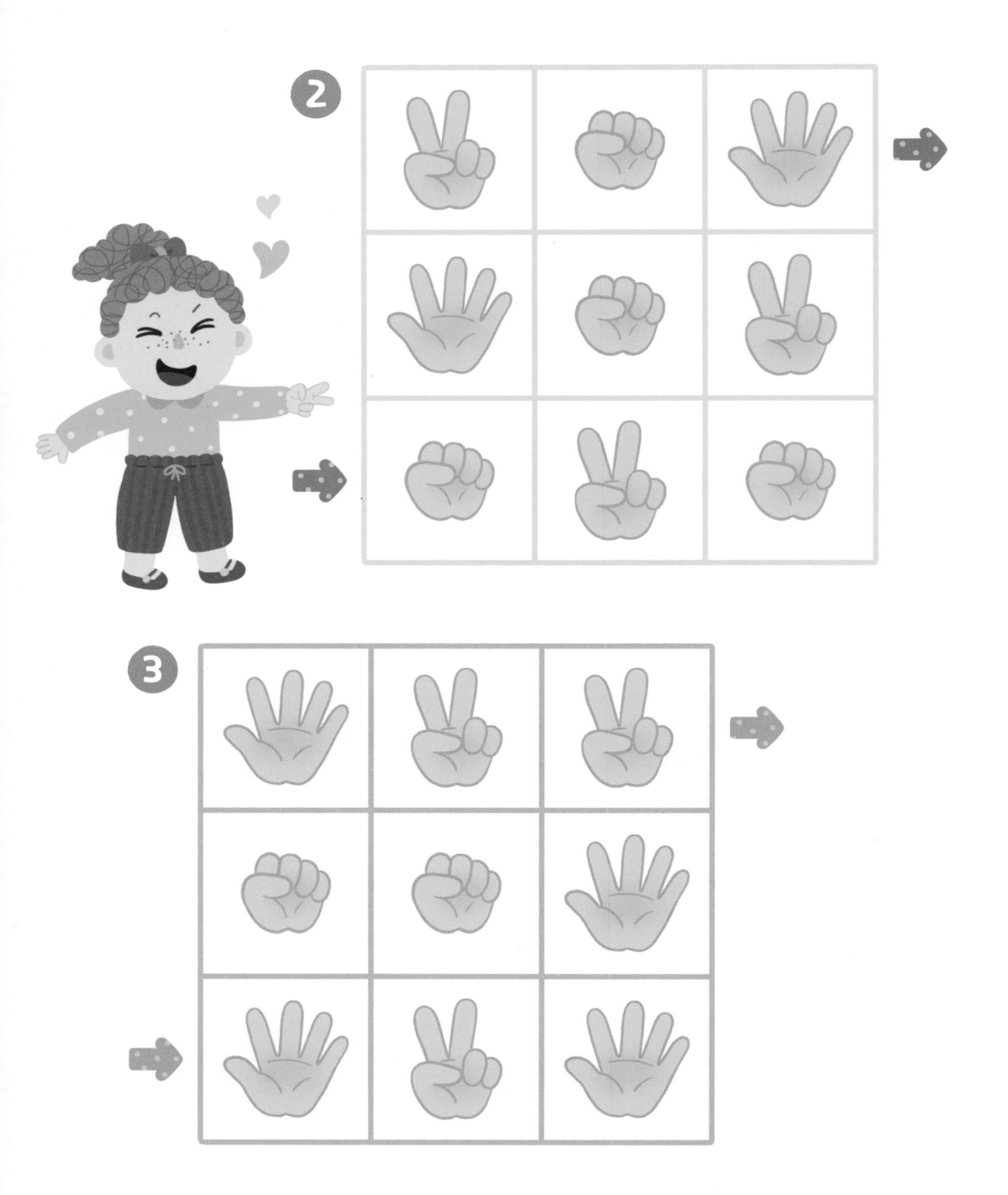
2
3

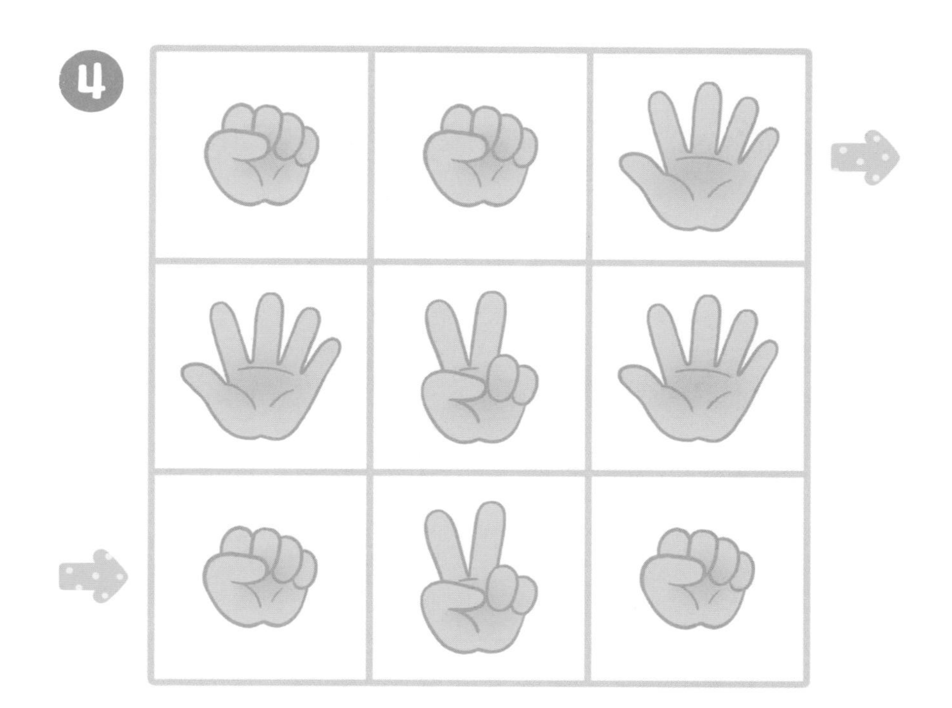
4

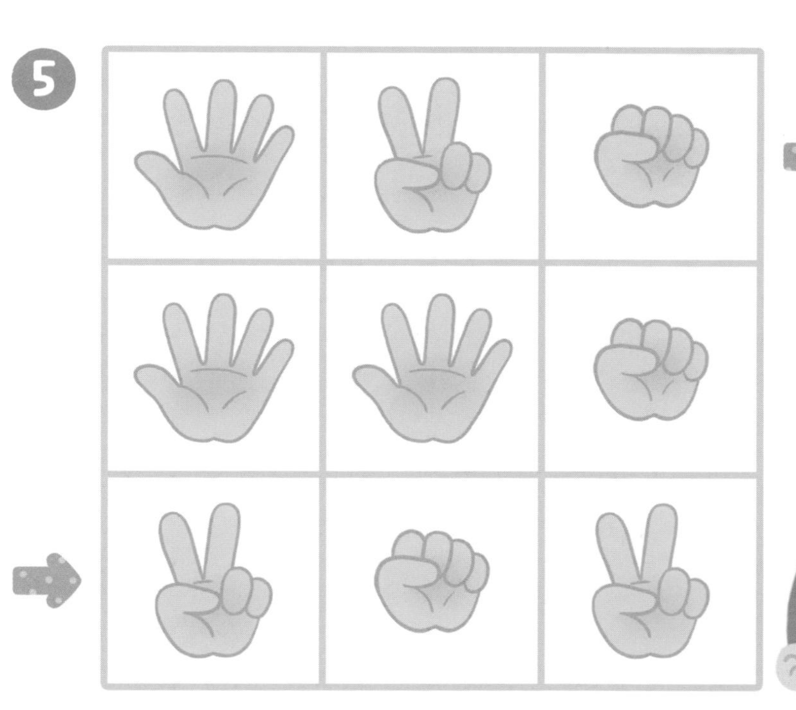
5

창의력이 샘솟아요
2.논리 문제 해결

컵을 놓아요

1 3개의 컵이 있어요. 설명을 읽고 컵을 알맞게 놓은 동물에 ○표 해 보세요.

- 분홍색 컵이 가운데에 있어요.
- 분홍색 컵 오른쪽에 하늘색 컵이 있어요.

- 분홍색 컵 왼쪽에 하늘색 컵이 있어요.
- 노란색 컵 오른쪽에 하늘색 컵이 있어요.

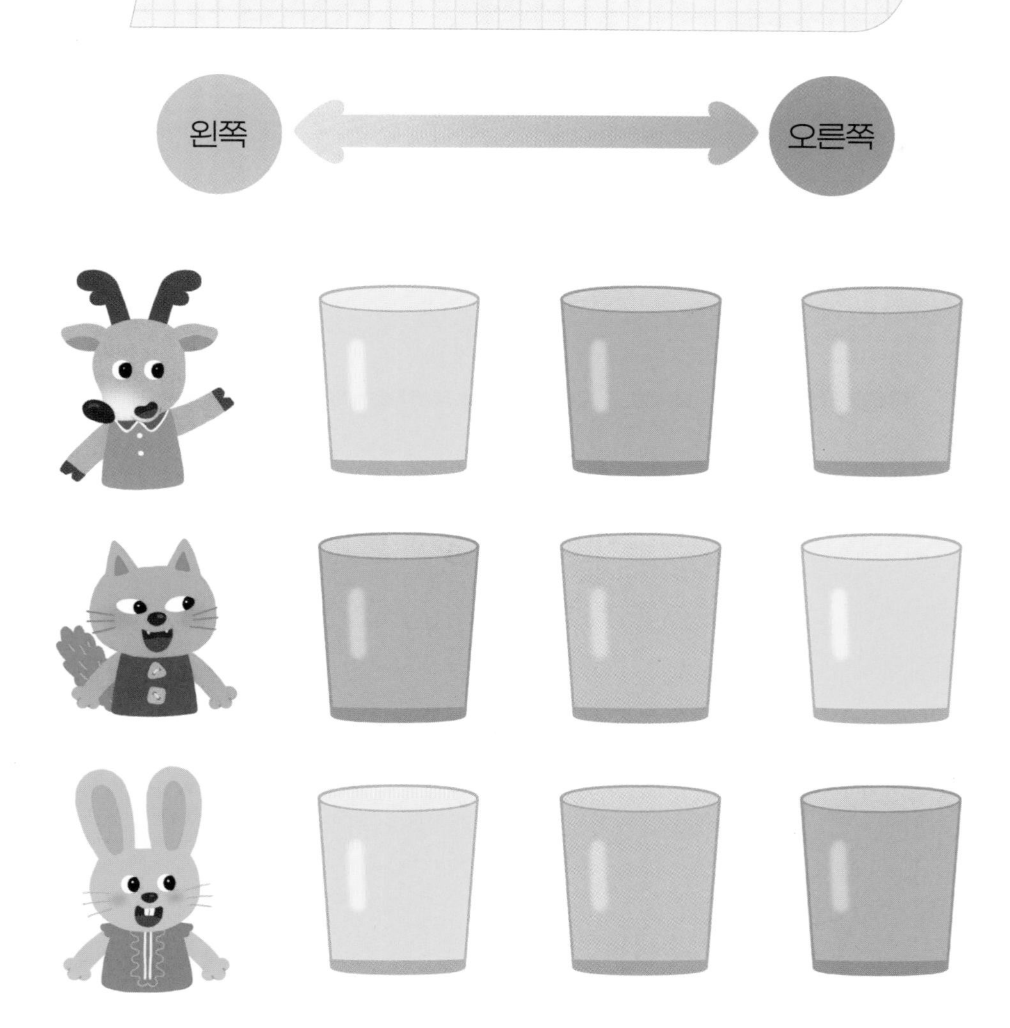

2 3개의 컵이 있어요. 동물들의 설명을 읽고 빈 컵에 알맞게 색칠해 보세요.

- 분홍색 컵 왼쪽에 노란색 컵이 있어요.
- 분홍색 컵 오른쪽에 하늘색 컵이 있어요.

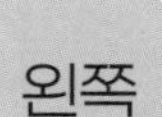

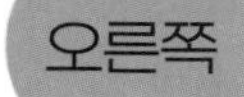

- 하늘색 컵 오른쪽에 노란색 컵이 있어요.
- 분홍색 컵 왼쪽에 노란색 컵이 있어요.

왼쪽

오른쪽

4장

규칙이랑 퍼즐이랑

1. 규칙 퍼즐

2. 논리 퍼즐

학습 목표

① 규칙을 찾아 퍼즐을 완성할 수 있어요.

② 여러 가지 논리 퍼즐을 이해하고 해결할 수 있어요.

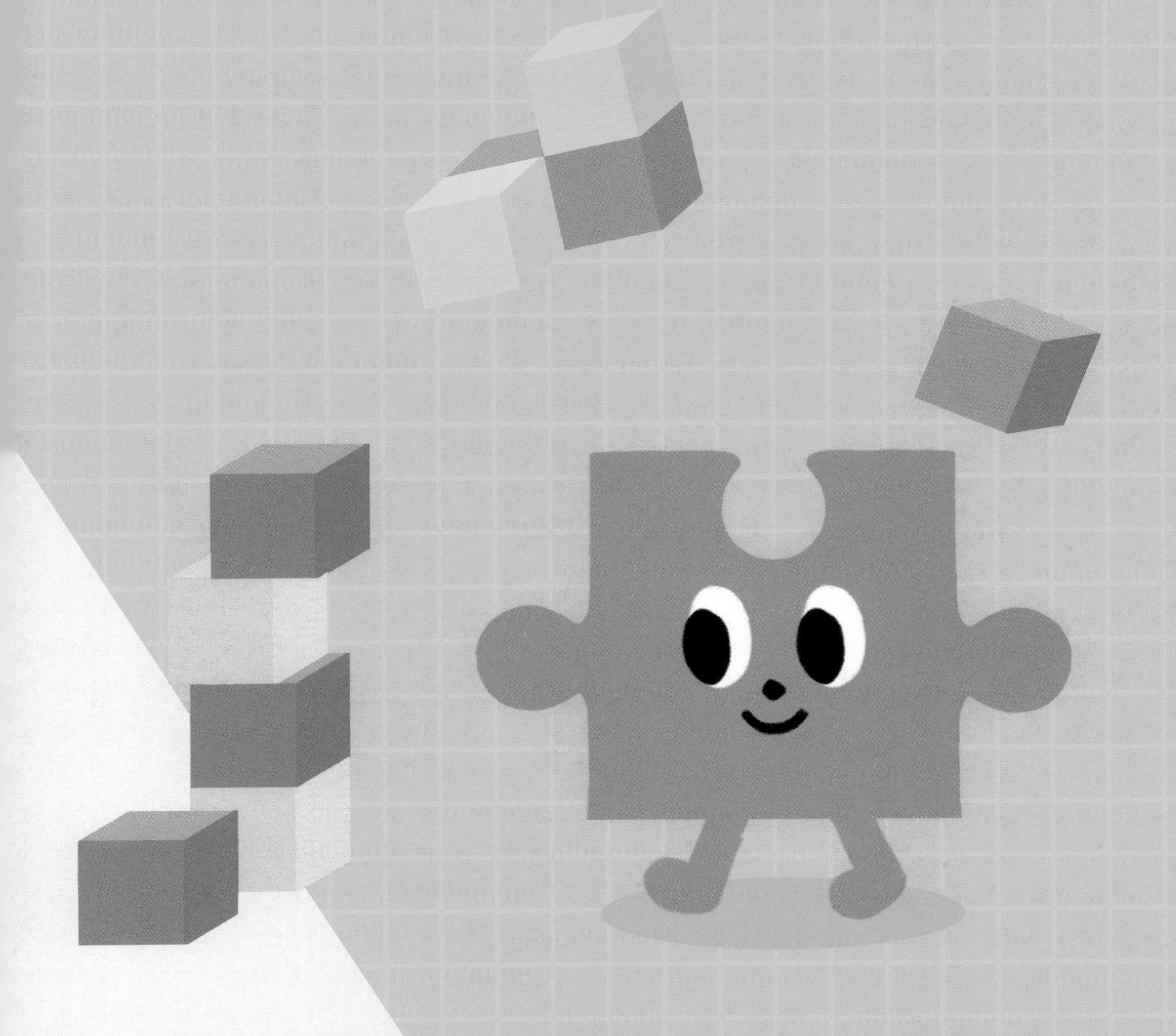

규칙 따라 화살표 따라

동물들이 규칙적으로 걸어서 집에 갔어요. 어떤 규칙으로 걸었는지 ○표 해 보세요.

1

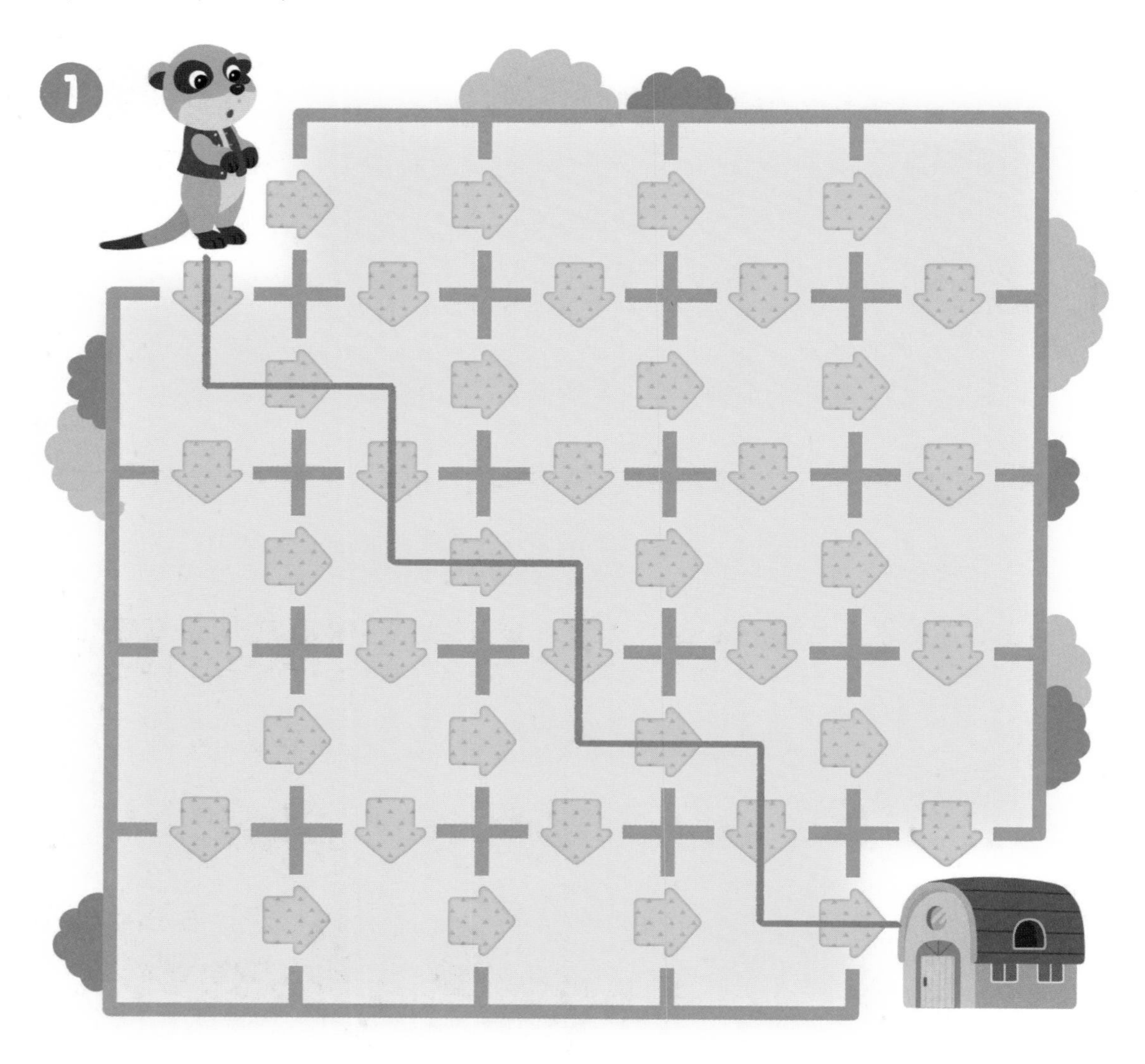

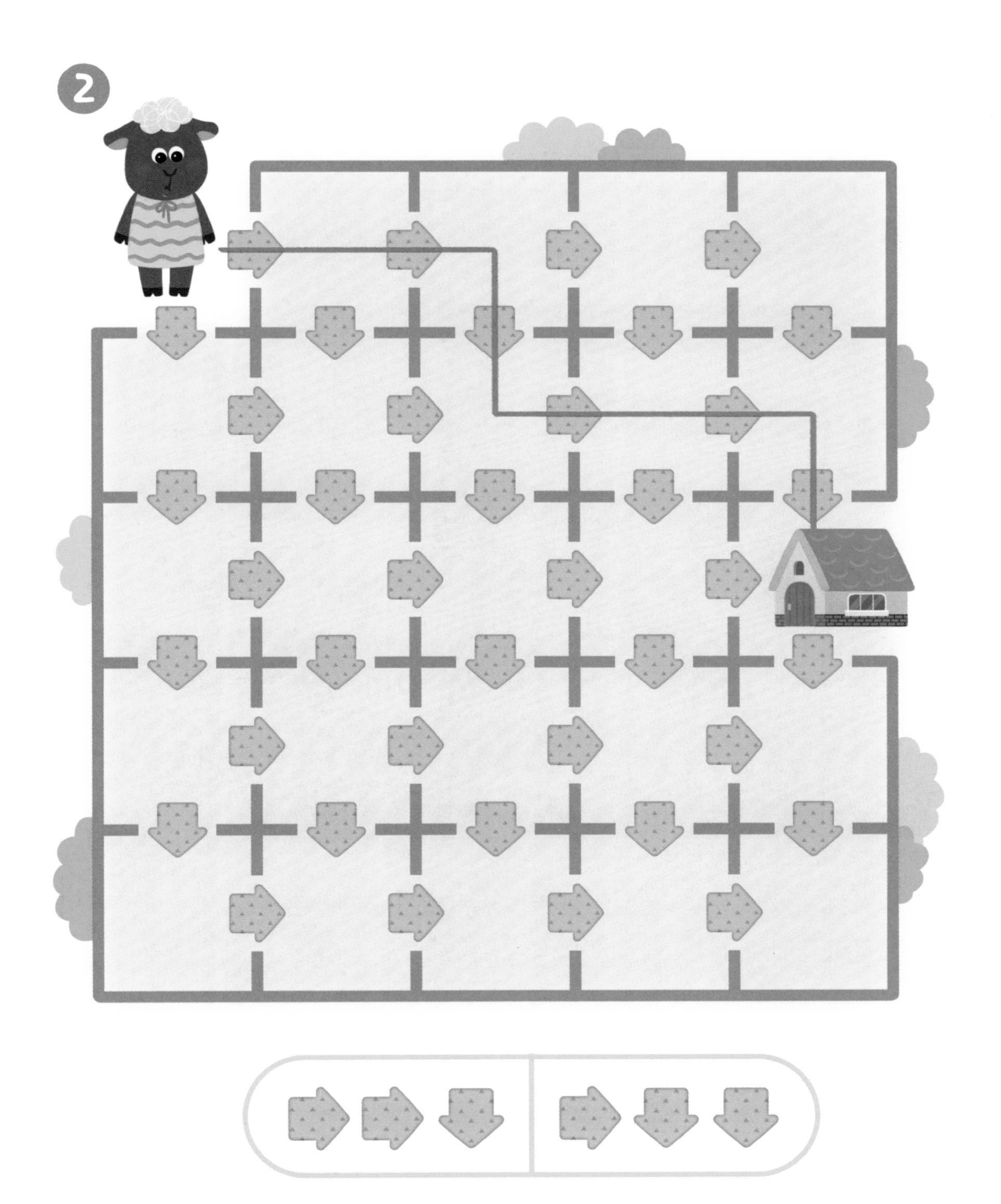
2

응용력이 커져요

1.규칙 퍼즐

치즈 미로

생쥐가 규칙대로 움직여 미로를 빠져나가려고 해요. 규칙에 따라 선을 그어 보고 먹을 수 있는 치즈에 ○표 해 보세요.

1

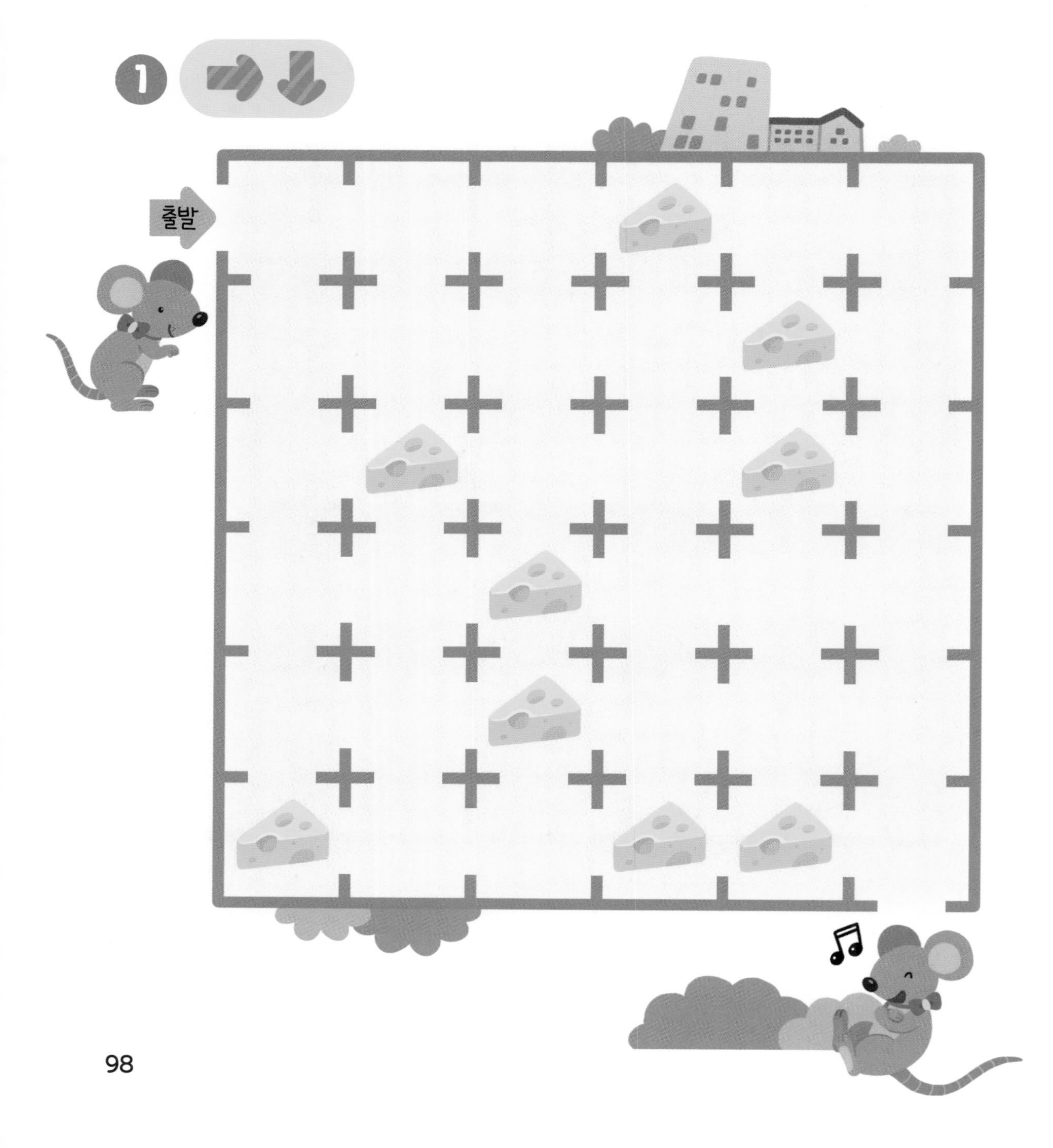

2

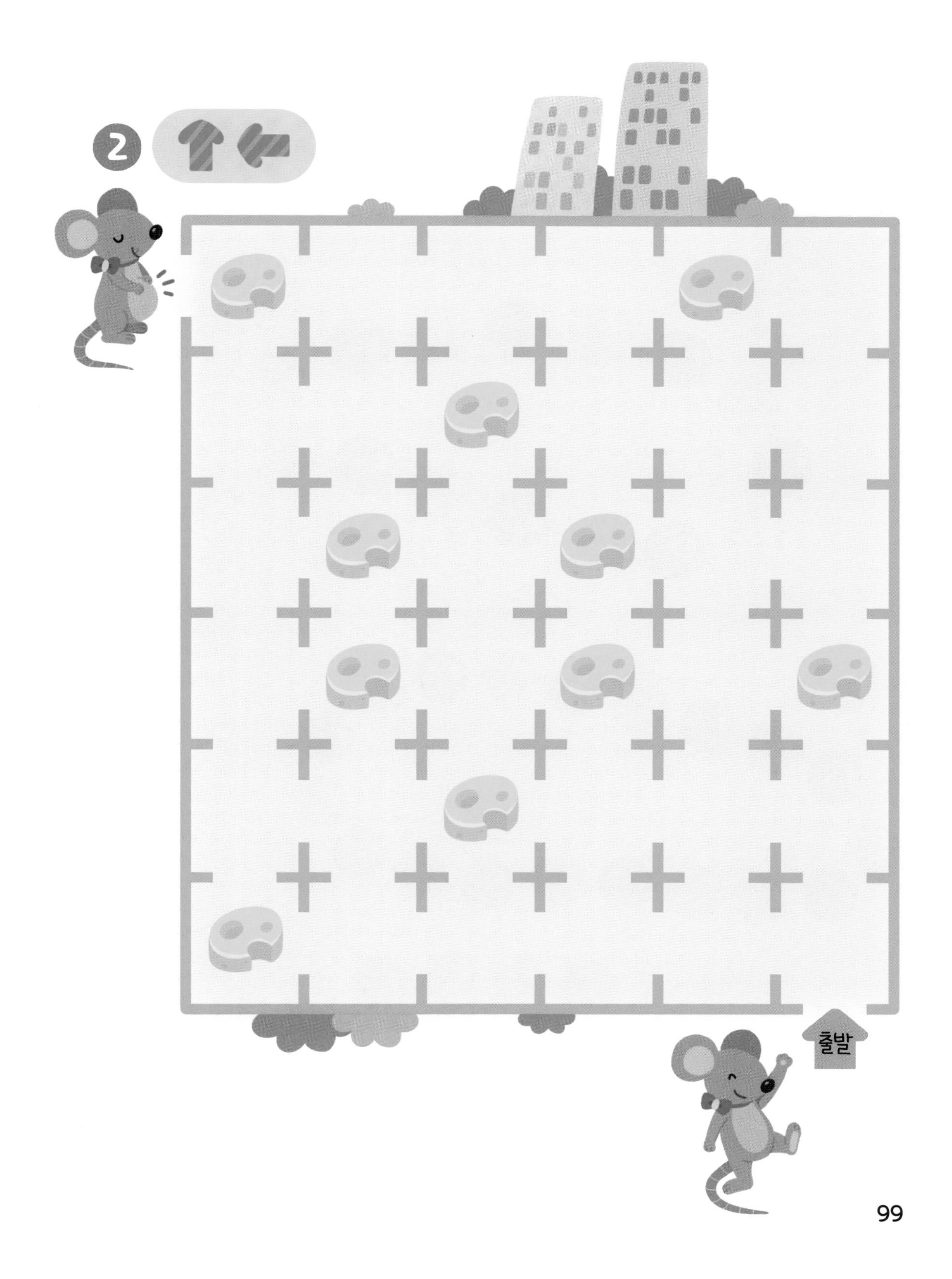

응용력이 커져요
1. 규칙 퍼즐

목걸이의 규칙

구슬 하나만 빼면 규칙적인 목걸이가 돼요. 빼야 하는 구슬을 찾아 X표 해 보세요.

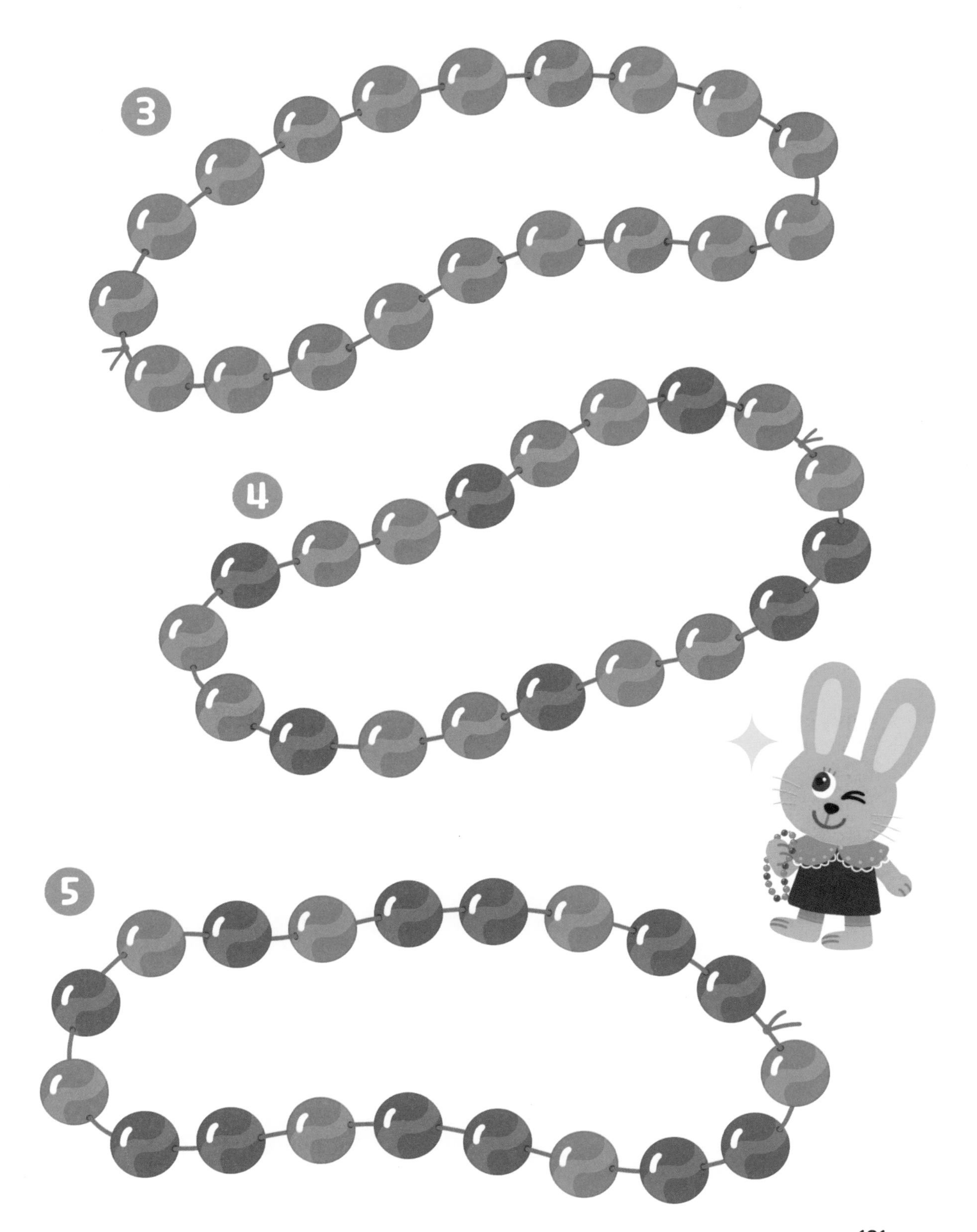
3
4
5

나뭇잎을 먹어요

애벌레가 규칙대로 나뭇잎을 먹으며 미로를 빠져나가려고 해요.
규칙에 따라 선을 그어 보세요.

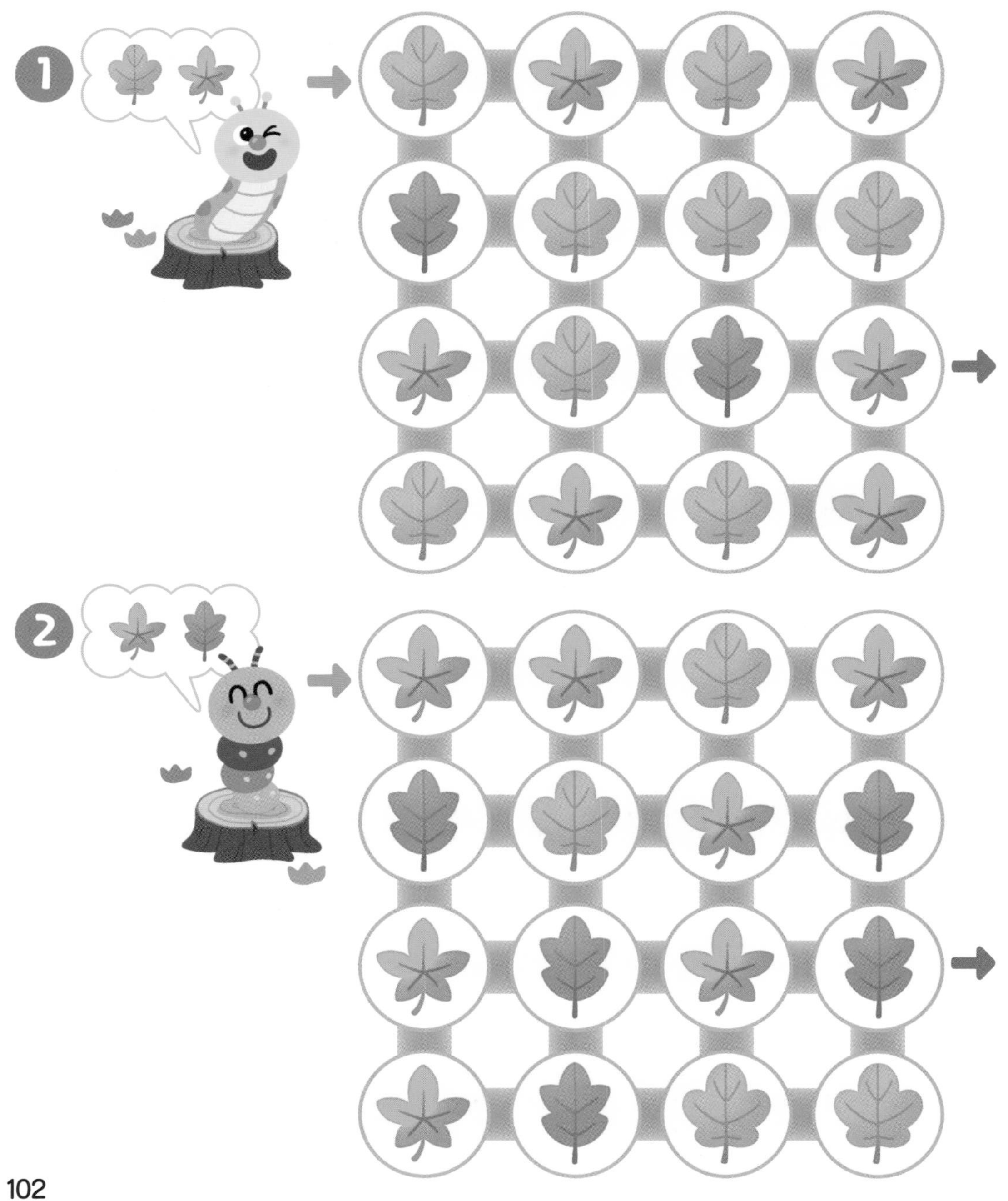

③

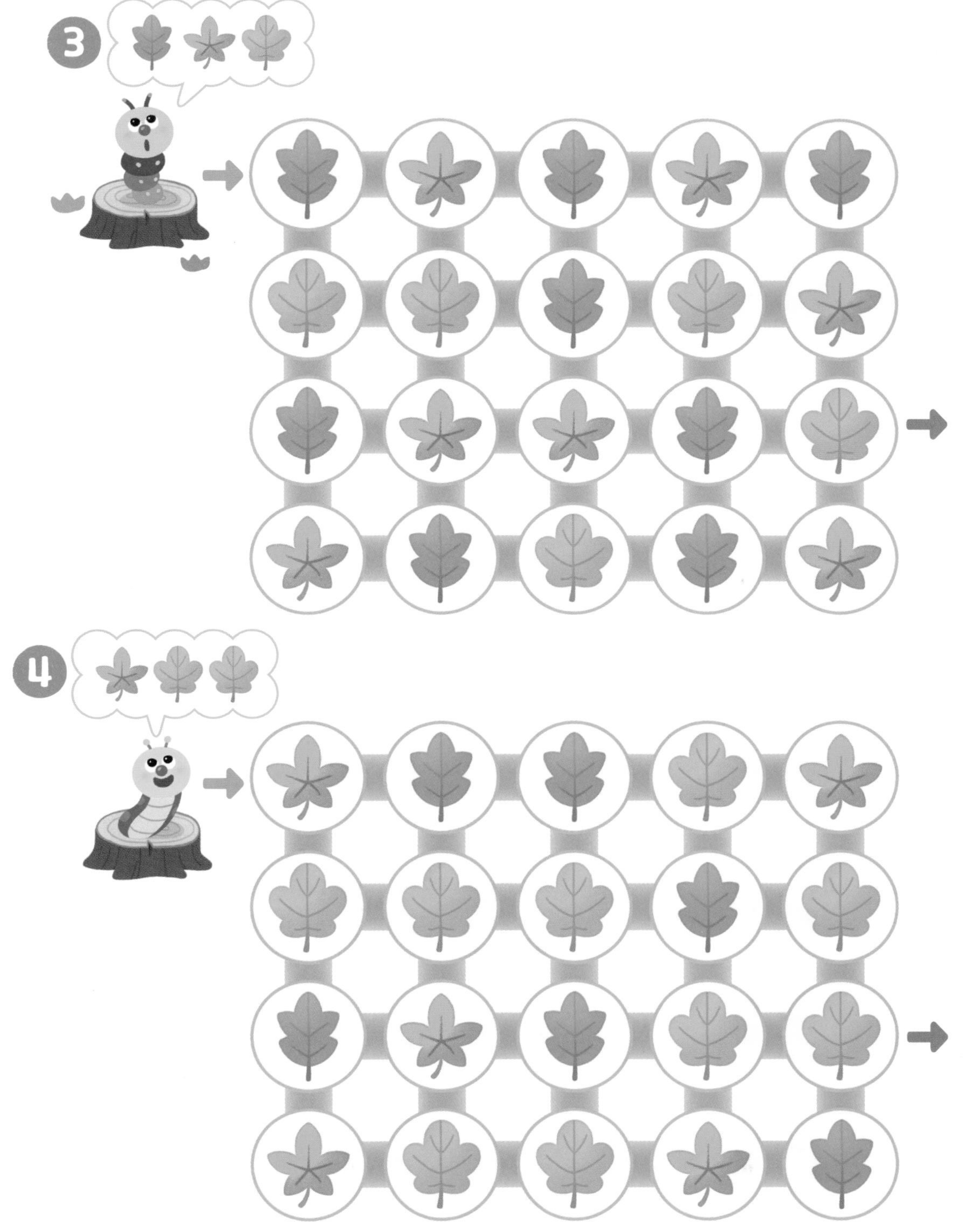

④

창의력이 샘솟아요
1. 규칙 퍼즐

규칙 꼬치 만들기

모든 음식을 꼬치에 규칙적으로 꽂으려고 해요. 어떻게 꽂아야 하는지 가로 또는 세로 방향으로 선을 그어 보세요.

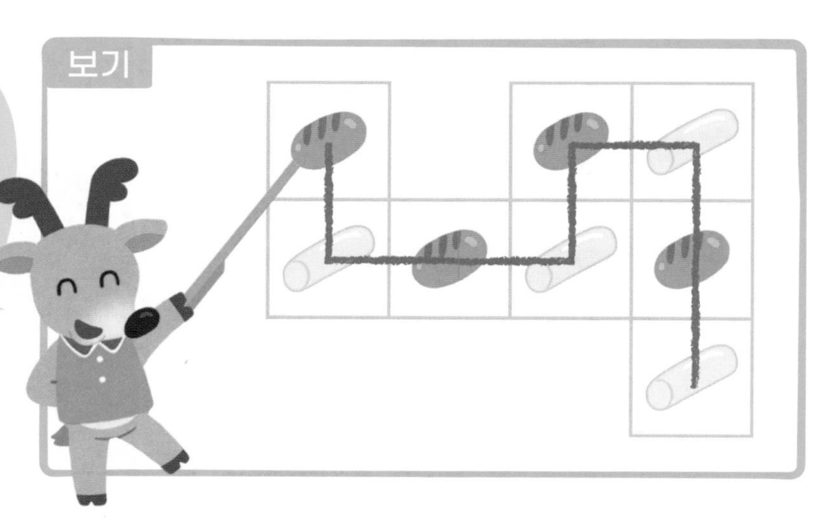
보기
위, 아래 또는 옆으로 나란히 놓여 있는 음식으로 가야 해.

1

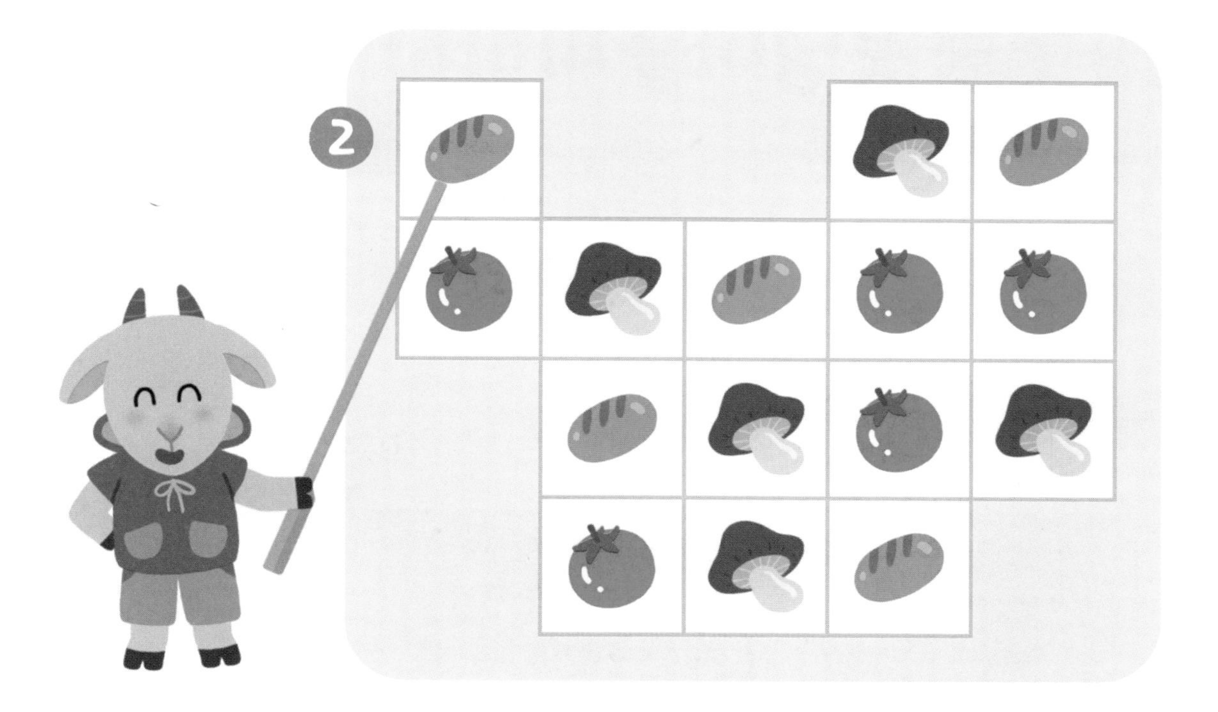
2

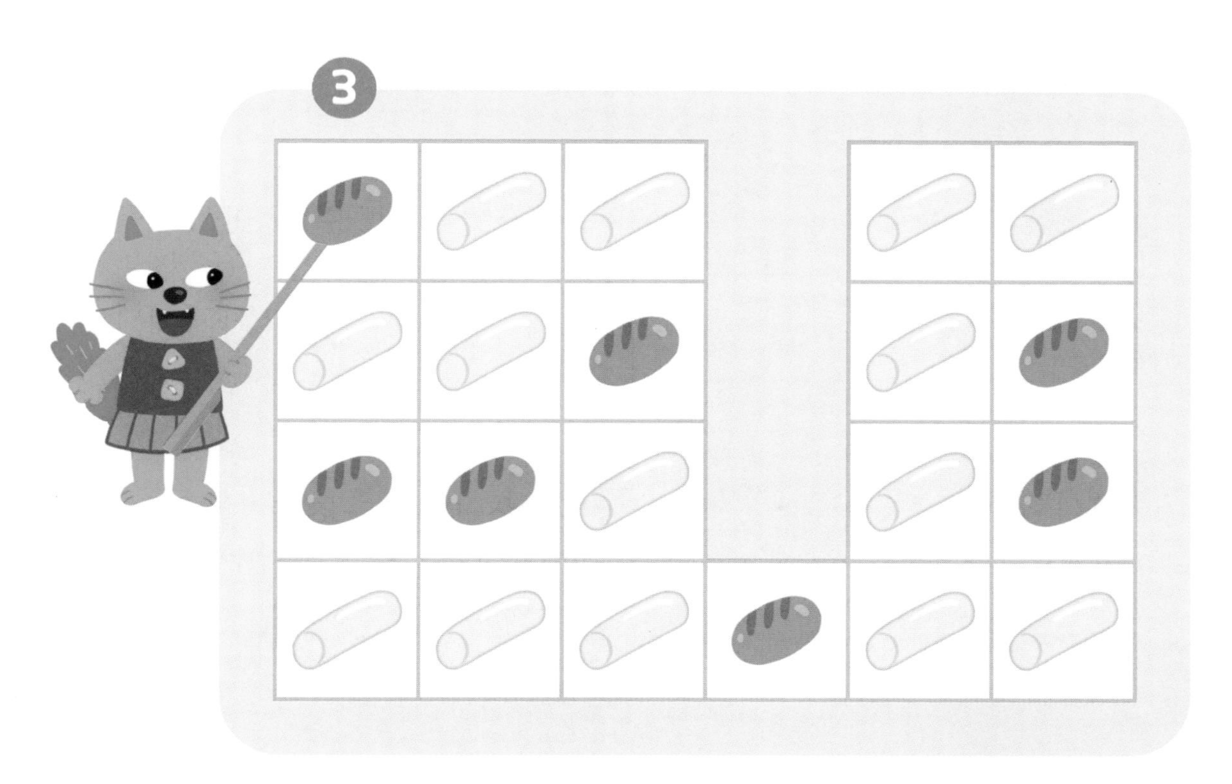
3

생각이 자라요
2. 논리 퍼즐

물 웅덩이를 피하자!

물 웅덩이를 피해 모든 칸을 한 번씩만 지나도록 선을 그어 보세요.
(단, 가로 또는 세로로만 움직일 수 있어요.)

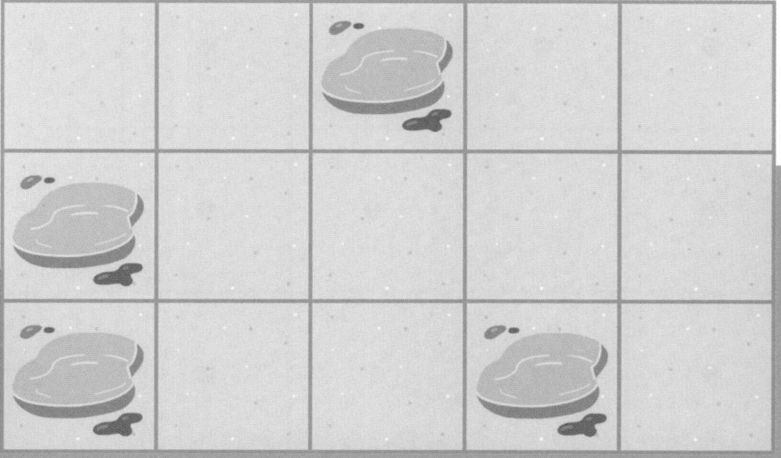

응용력이 커져요

2. 논리 퍼즐

울타리 만들기

병아리를 위한 울타리를 만들려고 해요. 모든 점을 연결하여 하나의 울타리를 만들어 보세요.

보기

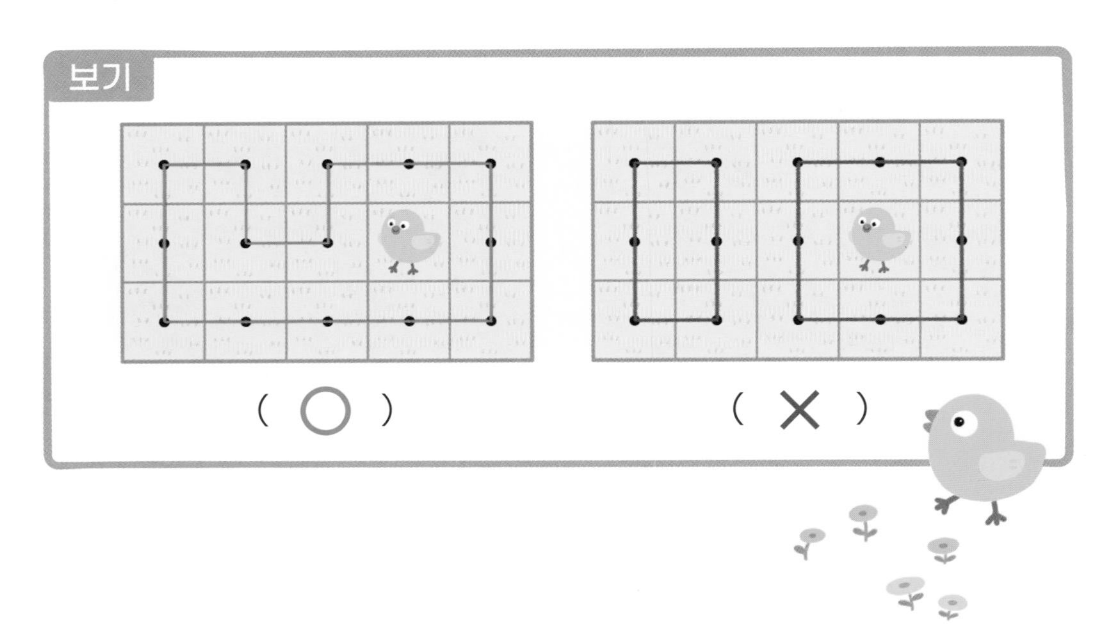

(○)　　(✕)

❶

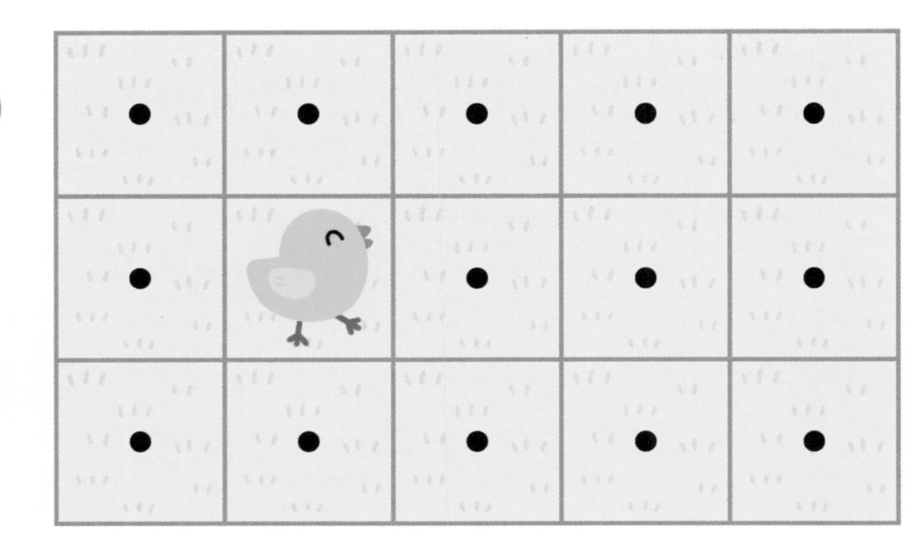

2

3

응용력이 커져요
2. 논리 퍼즐

엄마 찾아 삼만 리

아기 동물이 엄마를 만나도록 선을 이어 보세요. (단, 늑대가 있거나 한 번 지나간 칸은 다시 지나갈 수 없어요.)

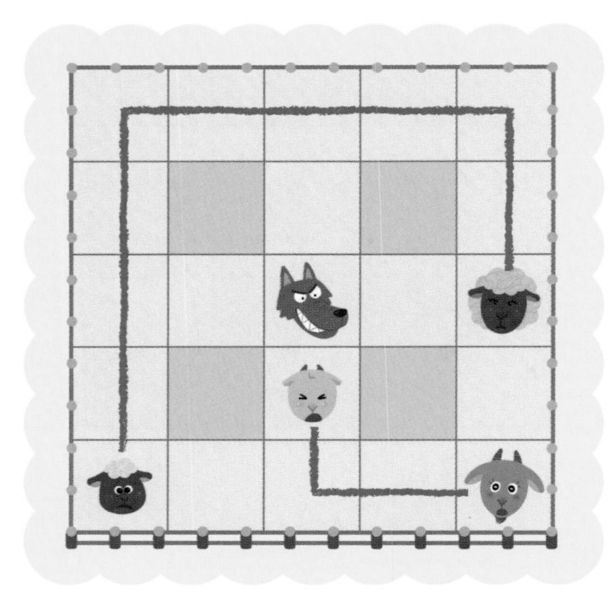

1

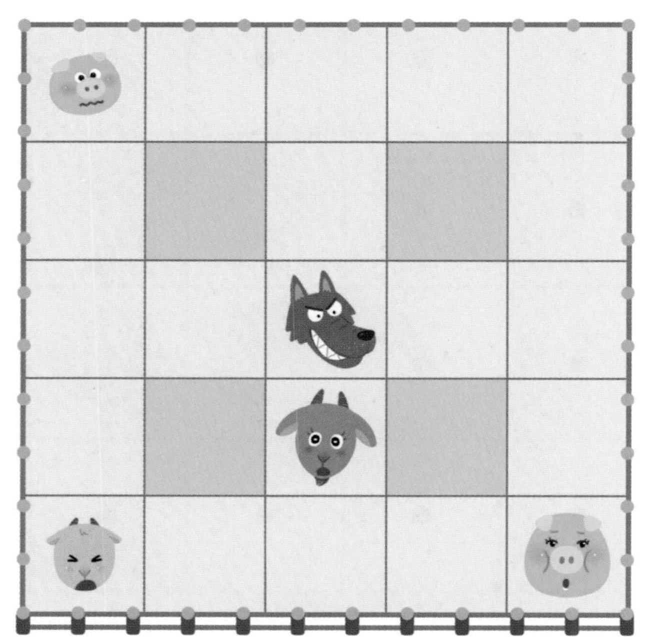

2

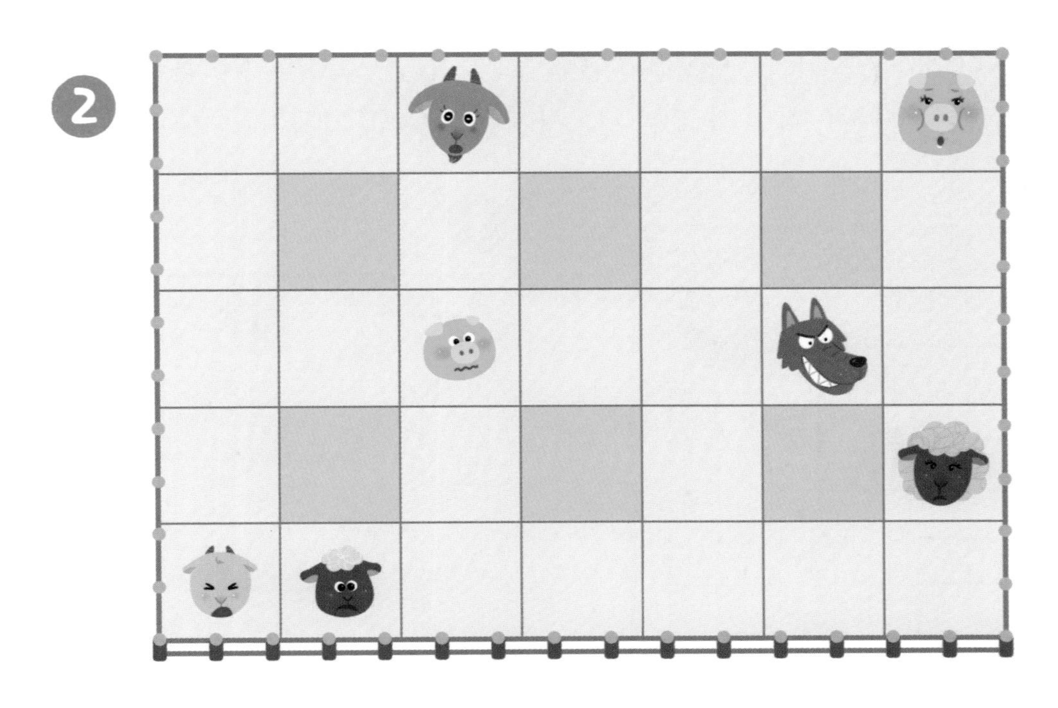

3

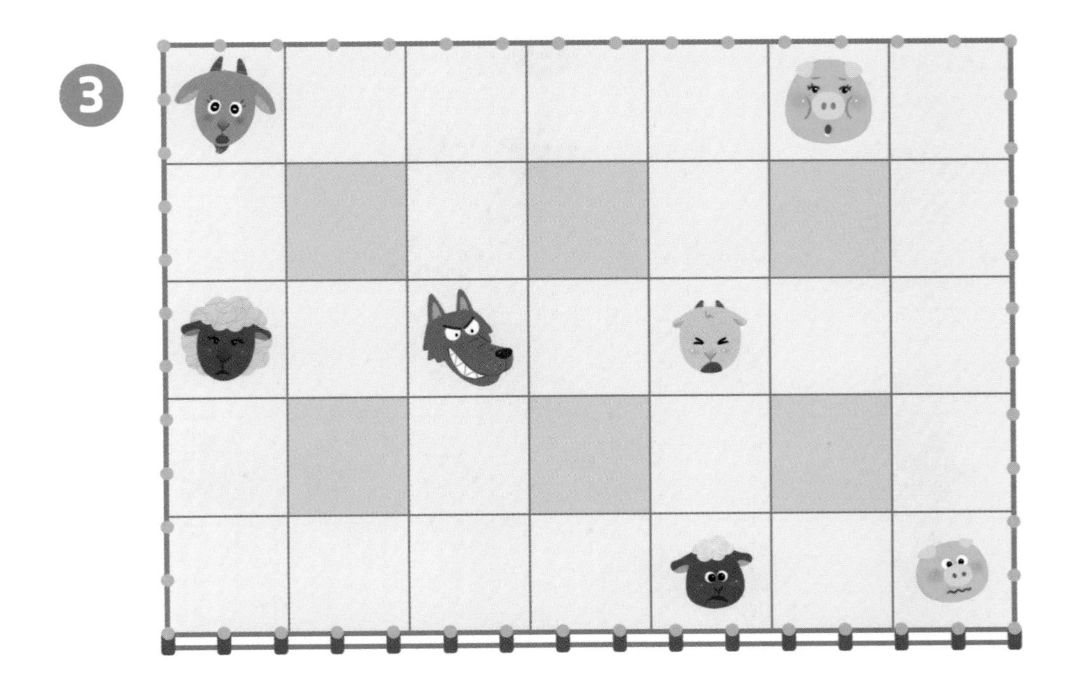

창의력이 샘솟아요

2. 논리 퍼즐

같은 모양끼리

모든 빈칸에 가로 또는 세로로 선을 그어 같은 모양끼리 연결해 보세요. (단, 한 번 지나간 칸은 다시 지날 수 없어요.)

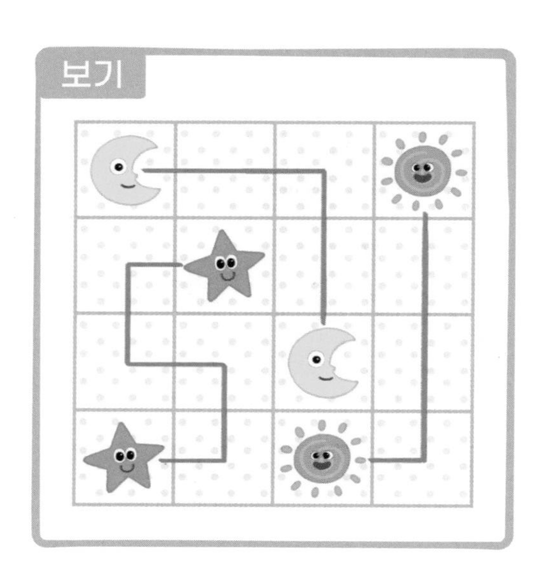

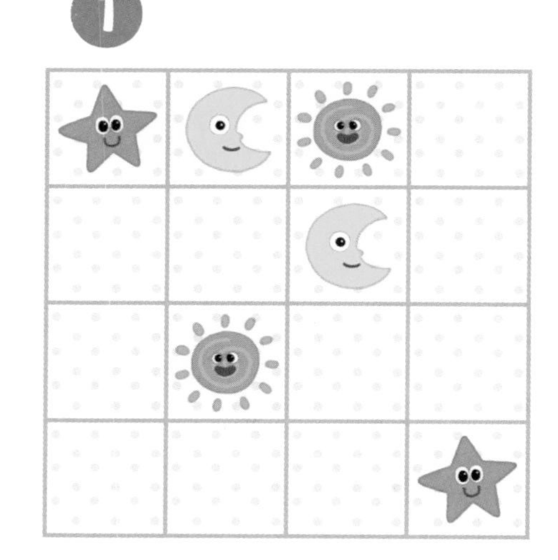

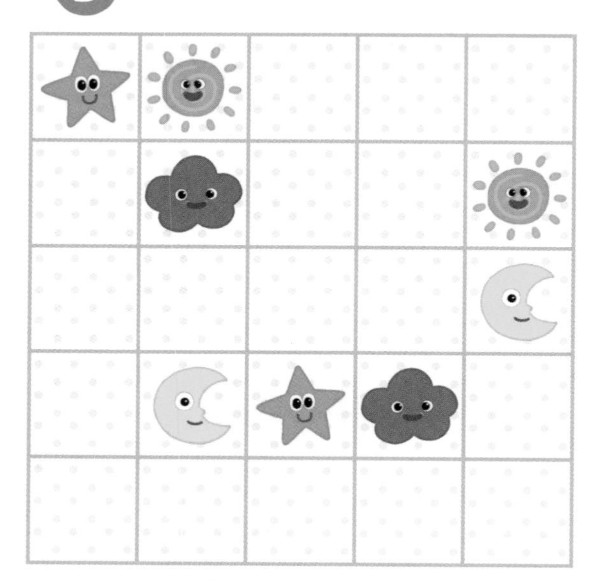

정답과 풀이

일러두기

문제에 대한 친절한 설명과 문제를 푸는 전략 및 포인트를 알려 줍니다.

주변에서 함께 생각해 볼 수 있는 상황을 제시하거나 문제의 의도를 알려 줍니다.

문제 풀이 과정에서 어려워하거나 혼동하기 쉬운 부분을 짚어 줍니다.

문제를 풀면서 함께 알아 두면 좋은 내용을 알려 줍니다.

12~13쪽

생각이 자라요
1. 색깔과 모양 규칙
여왕랜드
붙임딱지
놀이동산의 입구에서 모양이 되풀이되는 규칙을 찾아 붙임 딱지를 붙여 보세요.
놀이동산의 벽에서 색깔이 되풀이되는 규칙을 찾아 빈 곳에 색칠해 보세요.
12
13

생각 열기

주변을 둘러보면 옷이나 포장지, 벽지 등 패턴을 찾을 수 있습니다. 얼룩말이나 표범의 무늬 등 자연에서도 패턴을 찾을 수 있습니다. 유아와 함께 여러 가지 패턴을 찾아봅니다.

풀이

- 왕관의 장식이 - 모양으로 되풀이됩니다.
- 입구의 장식이 - - 모양으로 되풀이됩니다.

풀이

- 성벽의 장식이 초록색-주황색-파란색으로 되풀이됩니다.
- 상점의 지붕이 분홍색-파란색으로 되풀이됩니다.

14~15쪽

응용력이 커져요
1. 색깔과 모양 규칙
즐거운 놀이 기구
붙임 딱지
놀이 기구의 규칙을 찾아 알맞은 붙임 딱지를 붙여 보세요.
14
15

1 대관람차가 - - 로 되풀이되는 규칙입니다.

2 비행기가 - - 로 되풀이되는 규칙입니다.

3 열차가 - - 로 되풀이되는 규칙입니다.

4 배의 장식이 - 로 되풀이되는 규칙입니다.

16~17쪽

응용력이 커져요
1. 색깔과 모양 규칙
신나는 놀이 기구
놀이 기구의 규칙을 찾아 빈 곳에 색칠해 보세요.
16
17

생각 열기

색깔이나 모양이 되풀이되는 기본적인 규칙 마디를 찾는 것이 중요합니다. 규칙 마디는 A-B, A-B-C, A-A-B, A-B-B, A-B-A, A-A-B-B, 등 다양한 형태가 있습니다.

풀이

1 회전목마의 지붕이 빨간색-노란색으로 되풀이되는 규칙입니다.

2 열기구의 풍선이 노란색-초록색-보라색으로 되풀이되는 규칙입니다.

4 위쪽 풍선이 파란색-분홍색으로 되풀이되는 규칙입니다.
아래쪽 풍선이 초록색-연두색-진분홍색으로 되풀이되는 규칙입니다.

5 놀이 기구의 기둥이 아래서부터 보라색-파란색-하늘색으로 되풀이되는 규칙입니다.

18~19쪽

풀이

아래서부터 고기, 토마토, 양상추 순서로 쌓은 햄버거를 찾습니다.

풀이

첫 번째는 소시지-떡이 되풀이되는 규칙입니다.
두 번째는 일정한 규칙이 없습니다.
세 번째는 소시지-떡-떡이 되풀이되는 규칙입니다.
네 번째는 떡-떡-소시지-소시지가 되풀이되는 규칙입니다.

20~21쪽

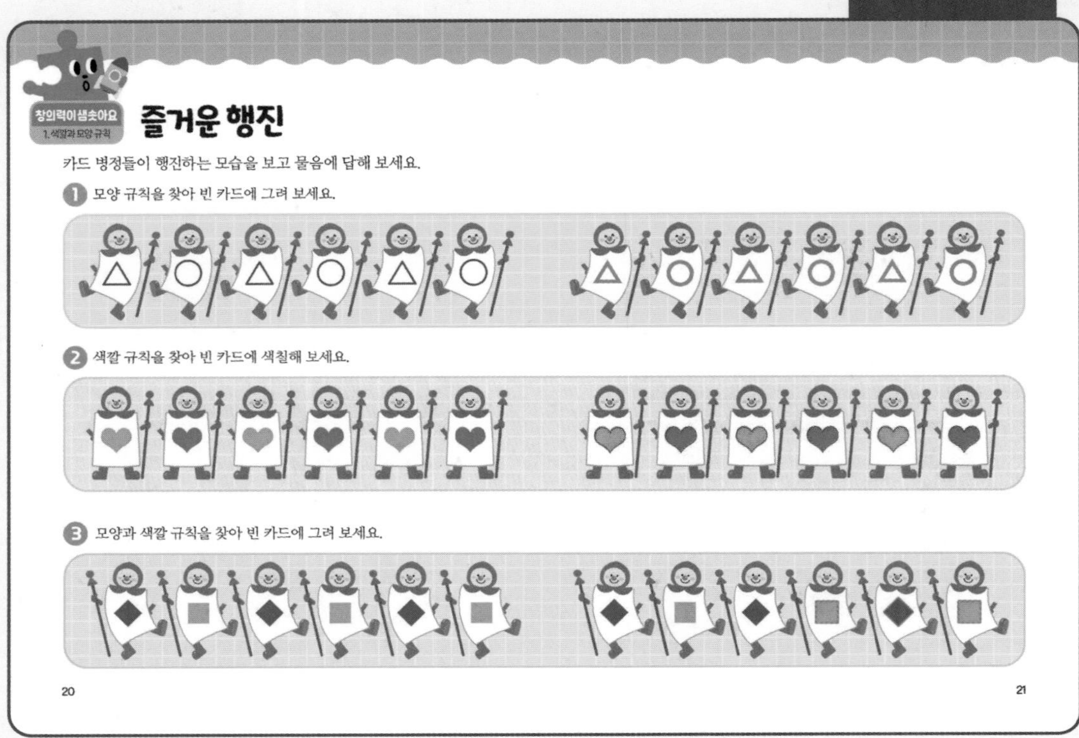

풀이

카드에 그려진 그림의 모양이나 색깔 규칙을 찾아봅니다.

1 △-○가 되풀이되는 규칙입니다.

2 주황색-초록색이 되풀이되는 규칙입니다.

3 모양은 ◇-□가, 색깔은 파란색-분홍색이 되풀이되는 규칙이므로 빈 곳에는 ◆, ■가 들어갑니다.

22~23쪽

창의력이 샘솟아요
1. 색깔과 모양 규칙

신나는 행진

카드 병정들이 행진하는 모습을 보고 물음에 답해 보세요.

① 모양 규칙을 찾아 빈 카드에 그려 보세요.

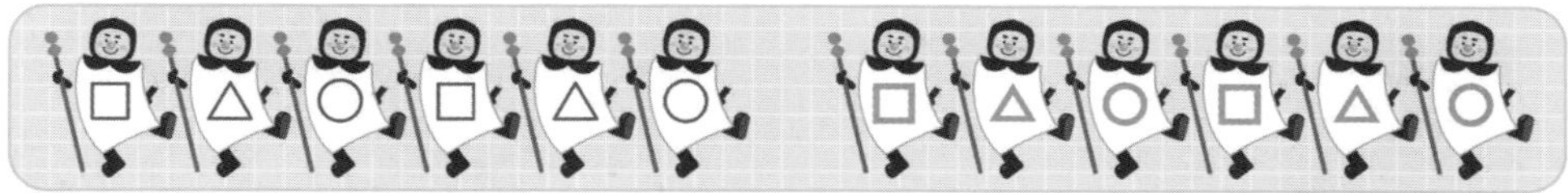

② 색깔 규칙을 찾아 빈 카드에 색칠해 보세요.

③ 모양과 색깔 규칙을 찾아 빈 카드에 그려 보세요.

22 23

풀이

1. □-△-○가 되풀이되는 규칙입니다.
2. 빨간색-노란색이 되풀이되는 규칙입니다.
3. 모양은 △-○-□가, 색깔은 보라색-주황색이 되풀이되는 규칙이므로 빈 곳에는 ▲, ●, ■가 들어갑니다.

24~25쪽

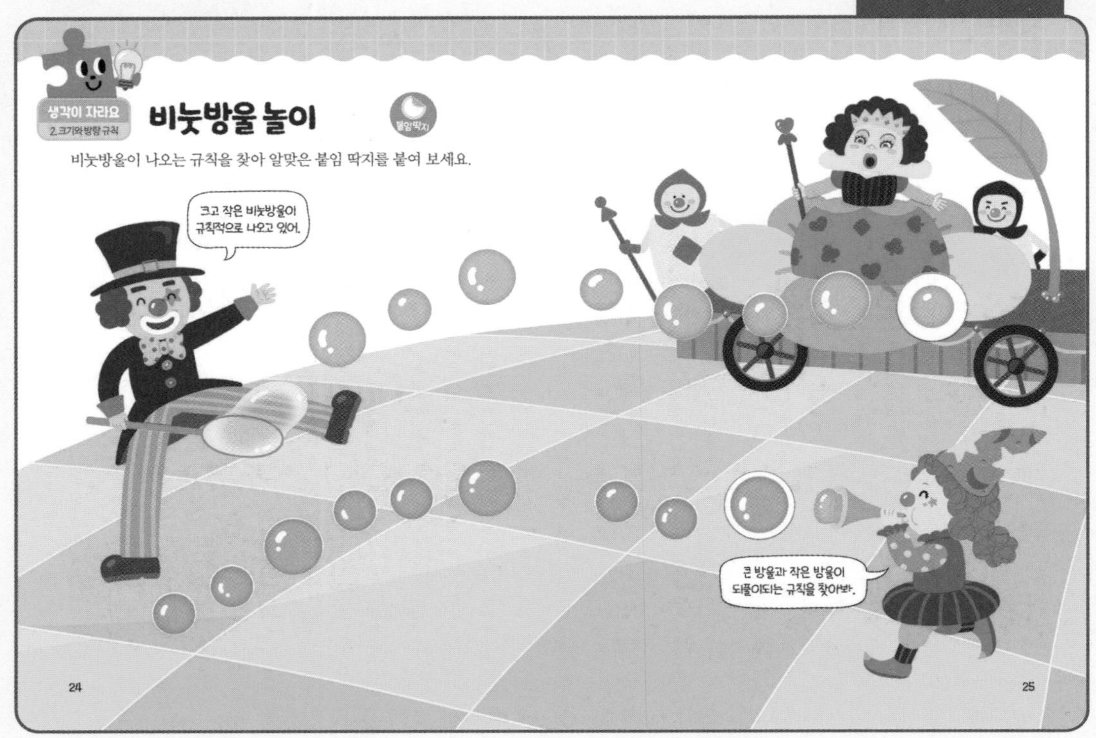

풀이

크기가 다른 비눗방울이 되풀이되는 규칙을 찾아봅니다.

- 큰 방울-작은 방울이 되풀이되는 규칙입니다.
- 작은 방울-작은 방울-큰 방울이 되풀이되는 규칙입니다.

26~27쪽

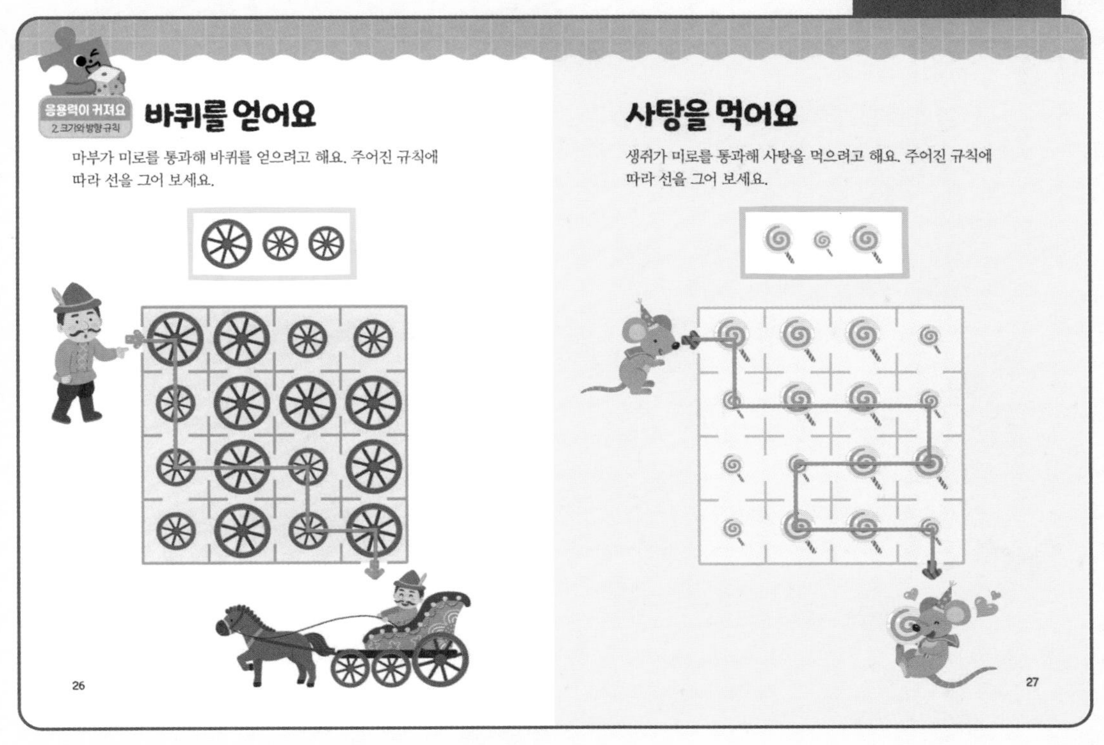

응용력이 커져요
2. 크기와 방향 규칙
바퀴를 얻어요
마부가 미로를 통과해 바퀴를 얻으려고 해요. 주어진 규칙에 따라 선을 그어 보세요.
26
사탕을 먹어요
생쥐가 미로를 통과해 사탕을 먹으려고 해요. 주어진 규칙에 따라 선을 그어 보세요.
27

생각 열기

크기가 다른 바퀴가 되풀이되는 규칙을 찾습니다. 규칙 마디를 생각하며 (큰, 작, 작), (큰, 작, 큰)처럼 입으로 소리 내며 길을 찾아봅니다.

풀이

수레바퀴가 큰 것-작은 것-작은 것이 되풀이되는 길을 찾습니다. 마지막에 '큰 것'으로 끝나더라도 규칙은 되풀이되는 것이므로 틀린 것이 아닙니다.

풀이

사탕이 큰 것-작은 것-큰 것이 되풀이되는 길을 찾습니다.

틀리기 쉬워요

A-B-A형으로 되풀이되는 규칙은 A-B형으로 되풀이되는 규칙과 혼동하기 쉽습니다. 기본적인 규칙 마디를 성급하게 찾지 않도록 유의합니다.

28~29쪽

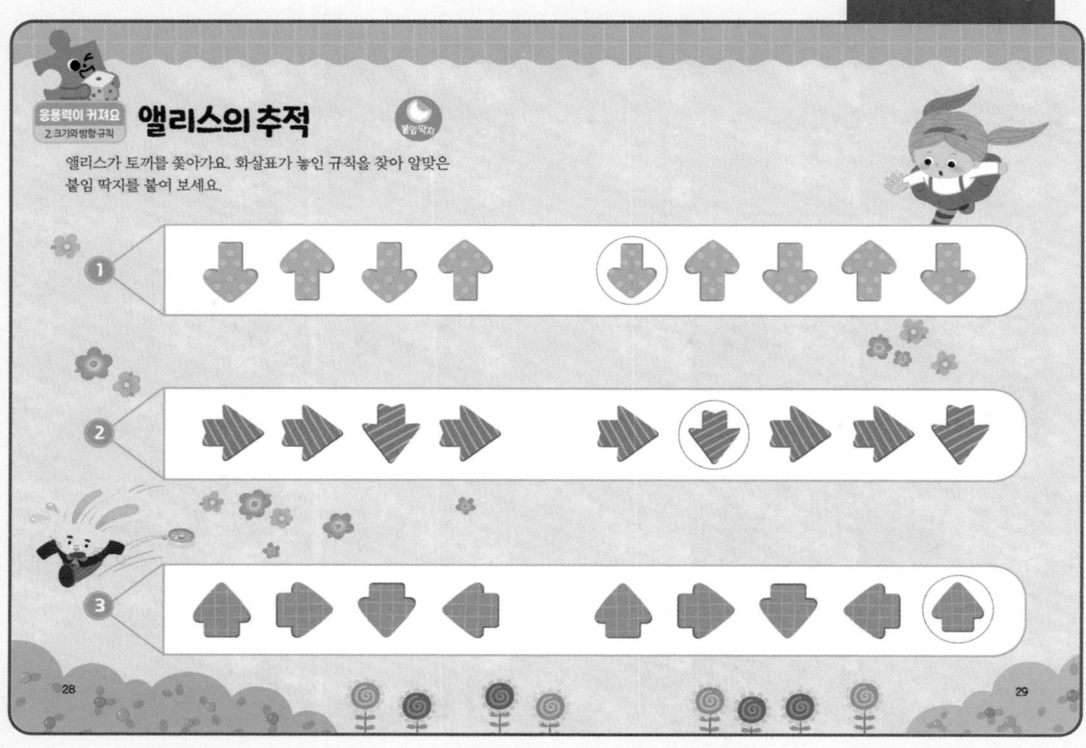

응용력이 커져요
2. 크기와 방향 규칙
앨리스의 추적
붙임 딱지
앨리스가 토끼를 좇아가요. 화살표가 놓인 규칙을 찾아 알맞은
붙임 딱지를 붙여 보세요.
1
2
3
28
29

풀이

화살표 방향에 따라 규칙을 찾을 수 있습니다.

1. 화살표 방향이 아래쪽-위쪽으로 되풀이되는 규칙입니다.

2. 화살표 방향이 오른쪽-오른쪽-아래쪽으로 되풀이되는 규칙입니다.

3. 화살표 방향이 위쪽-오른쪽-아래쪽-왼쪽으로 되풀이되는 규칙입니다.

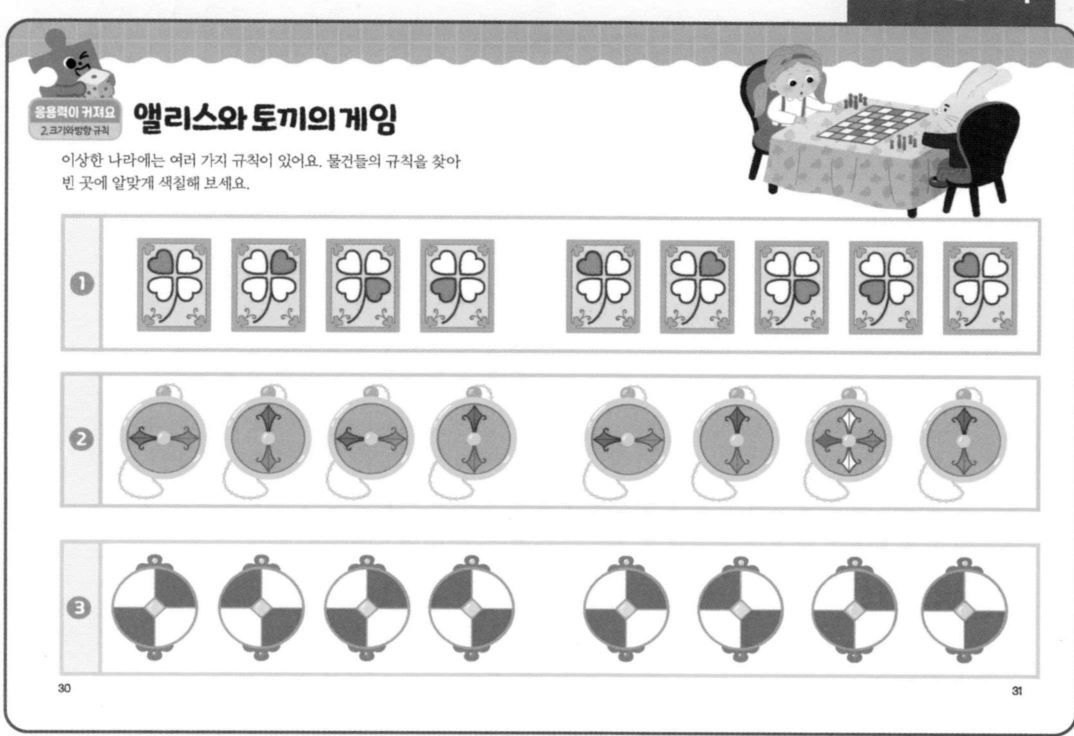

풀이

1 클로버의 빨간색 잎이 왼쪽 위-오른쪽 위-오른쪽 아래-왼쪽 아래로 되풀이되는 규칙입니다. 따라서 빈 곳의 왼쪽 위 방향을 색칠합니다.

2 바늘이 가로-세로로 되풀이되는 규칙입니다. 따라서 빈 곳에 가로 방향으로 파란색, 빨간색을 색칠합니다.

3 모양의 색칠된 부분이 (오른쪽 위, 왼쪽 아래)-(오른쪽 아래, 왼쪽 위)로 되풀이되는 규칙입니다. 따라서 빈 곳에 왼쪽 위, 오른쪽 아래를 색칠합니다.

34~35쪽

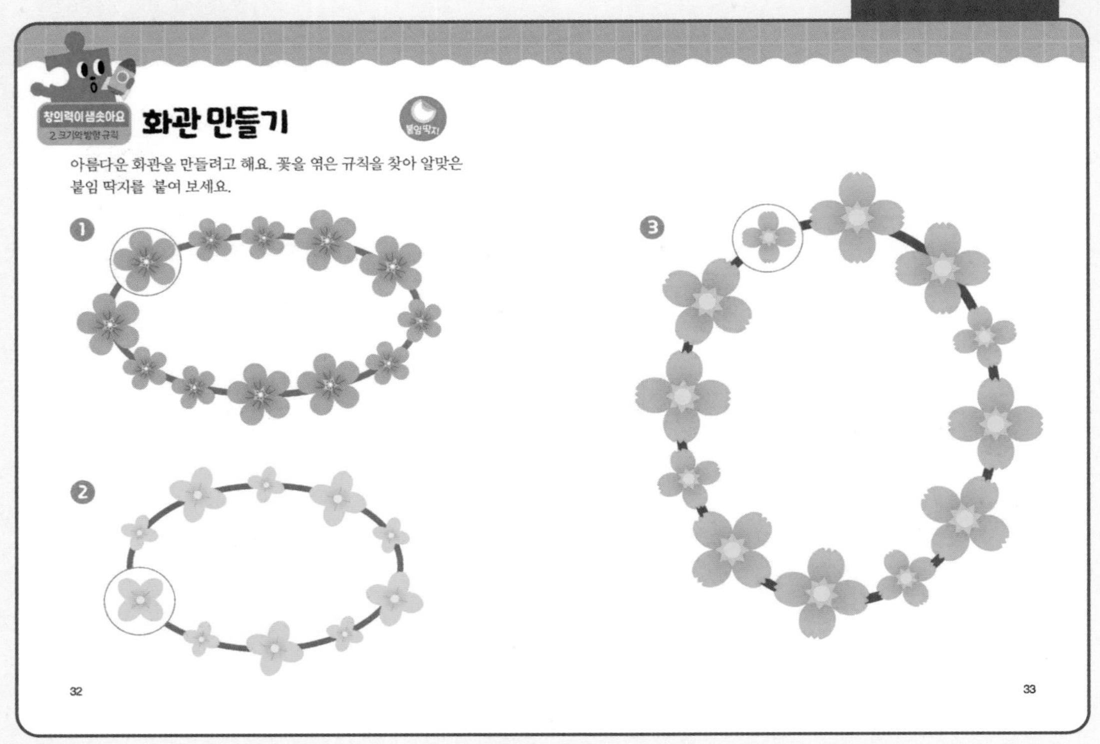

창의력이 샘솟아요
2. 크기의 방향 규칙
화관 만들기
붙임 딱지
아름다운 화관을 만들려고 해요. 꽃을 엮은 규칙을 찾아 알맞은 붙임 딱지를 붙여 보세요.
1
2
3
32
33

풀이

1 꽃의 크기가 작은 것-작은 것- 큰 것-큰 것으로 되풀이되는 규칙입니다.

2 꽃의 크기가 작은 것-큰 것으로 되풀이되는 규칙입니다.

3 꽃의 크기가 큰 것-큰 것-작은 것으로 되풀이되는 규칙입니다.

36~37쪽

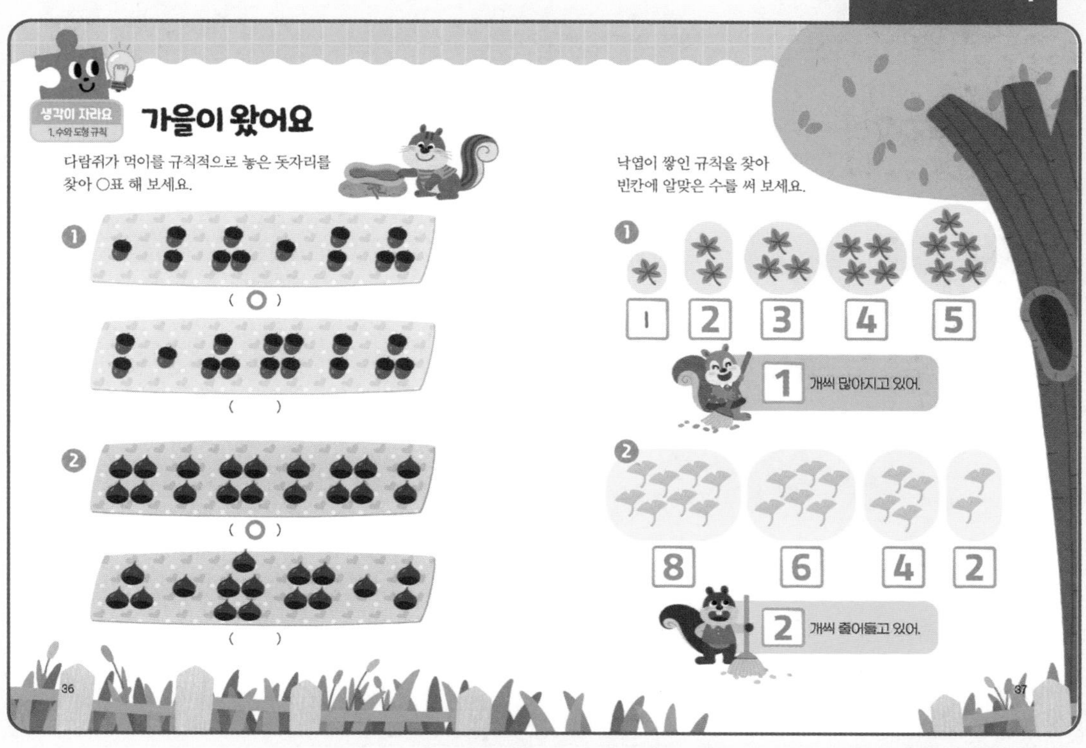

생각 열기

개수가 일정하게 늘거나 줄어드는 규칙을 찾아봅니다. 개수의 규칙을 알아보는 활동은 나중에 함수적 사고를 하는 데에 도움이 됩니다.

풀이

1. 위 돗자리는 도토리가 1-2-3개로 되풀이되는 규칙입니다.
   아래 돗자리는 도토리가 2, 1, 3, 4, 2, 3개로 규칙이 없습니다.

풀이

1. 단풍잎이 1, 2, 3, 4, 5개로 1개씩 많아졌습니다.
2. 은행잎이 8, 6, 4, 2개로 2개씩 줄어들었습니다.

38~39쪽

풀이

1 수가 1씩 커지는 규칙입니다.

2 수가 2씩 커지는 규칙입니다.

3 5-1로 되풀이되는 규칙입니다.

4 2-4-8로 되풀이되는 규칙입니다.

5 6-4-2-2-4-6으로 되풀이되는 규칙입니다.

40~41쪽

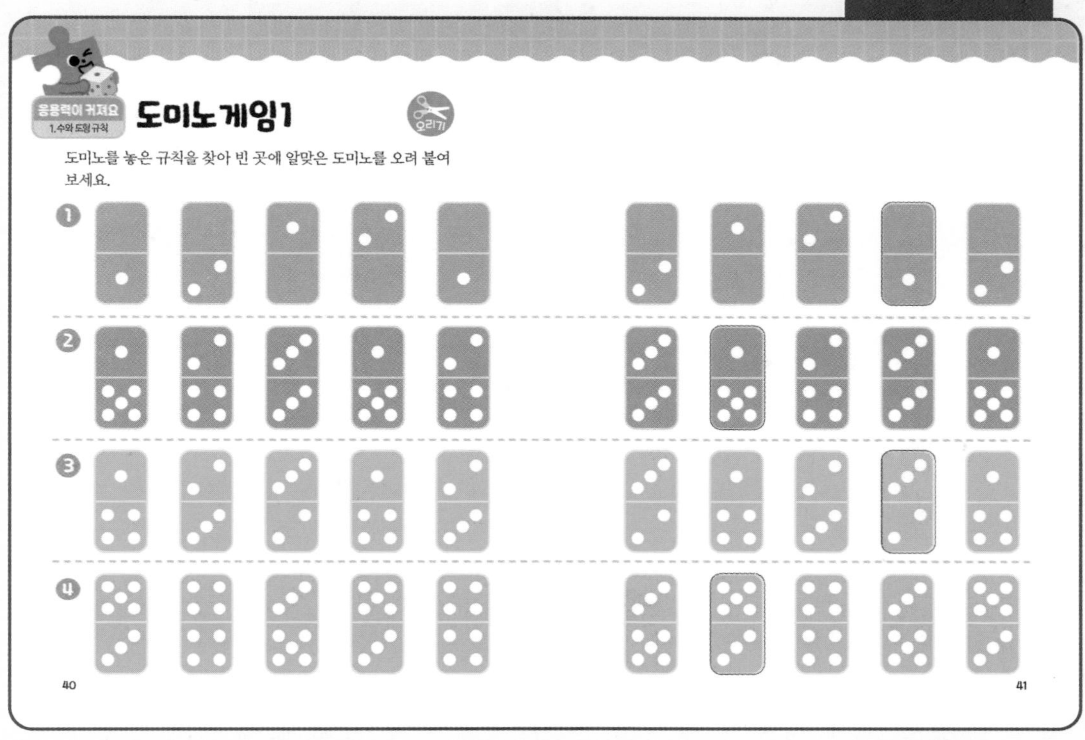
응용력이 커져요 1.수와 도형 규칙

도미노게임1

오리기

도미노를 놓은 규칙을 찾아 빈 곳에 알맞은 도미노를 오려 붙여 보세요.

40 41

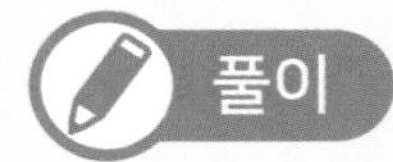

1 (0, 1)-(0, 2)-(1, 0)-(2, 0)로 되풀이되는 규칙입니다.

2 (1, 5)-(2, 4)-(3, 3)으로 되풀이되는 규칙입니다.

3 (1, 4)-(2, 3)-(3, 2)로 되풀이되는 규칙입니다.

4 (5, 3)-(4, 4)-(3,5)로 되풀이되는 규칙입니다.

42~43쪽

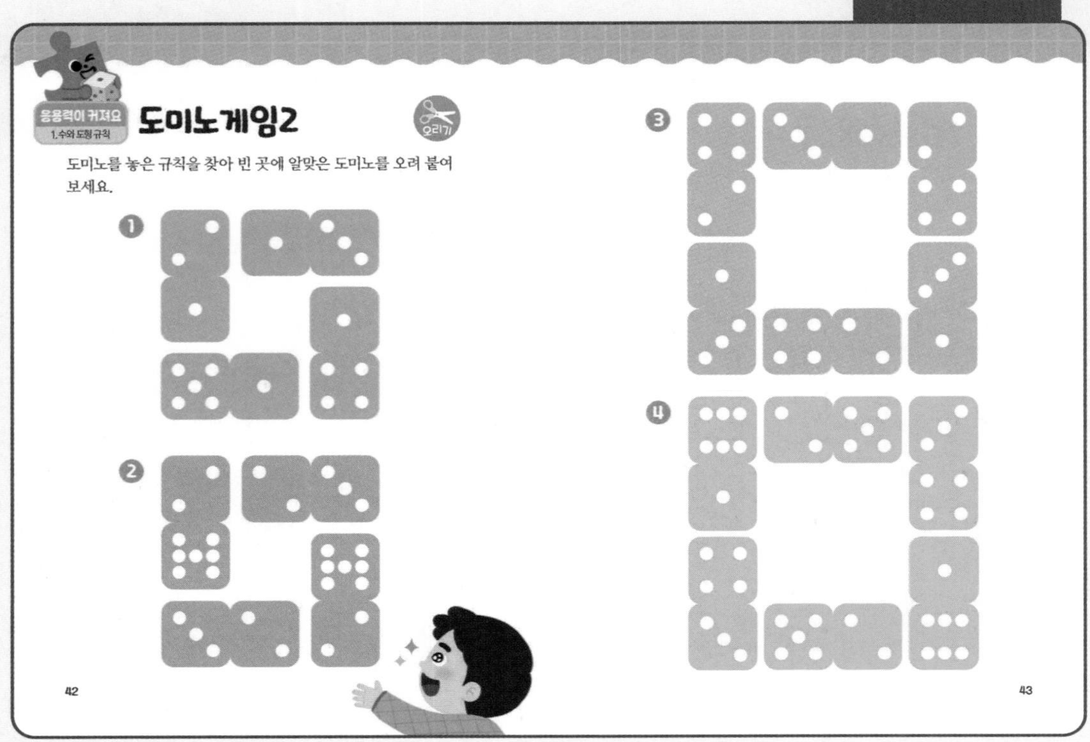
응용력이 커져요
1. 수와 도형 규칙
도미노게임2
오리기
도미노를 놓은 규칙을 찾아 빈 곳에 알맞은 도미노를 오려 붙여 보세요.
42
43

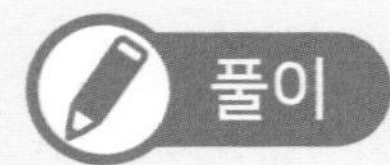

1. (1, 2), (1, 3), (1, 4), (1, 5)로 뒤 칸의 수가 1씩 커집니다.
2. (7, 2)−(2, 3)으로 되풀이됩니다.
3. (2, 4)−(3, 1)로 되풀이됩니다.
4. (1, 6), (2, 5), (3, 4)로 되풀이됩니다.

44~45쪽

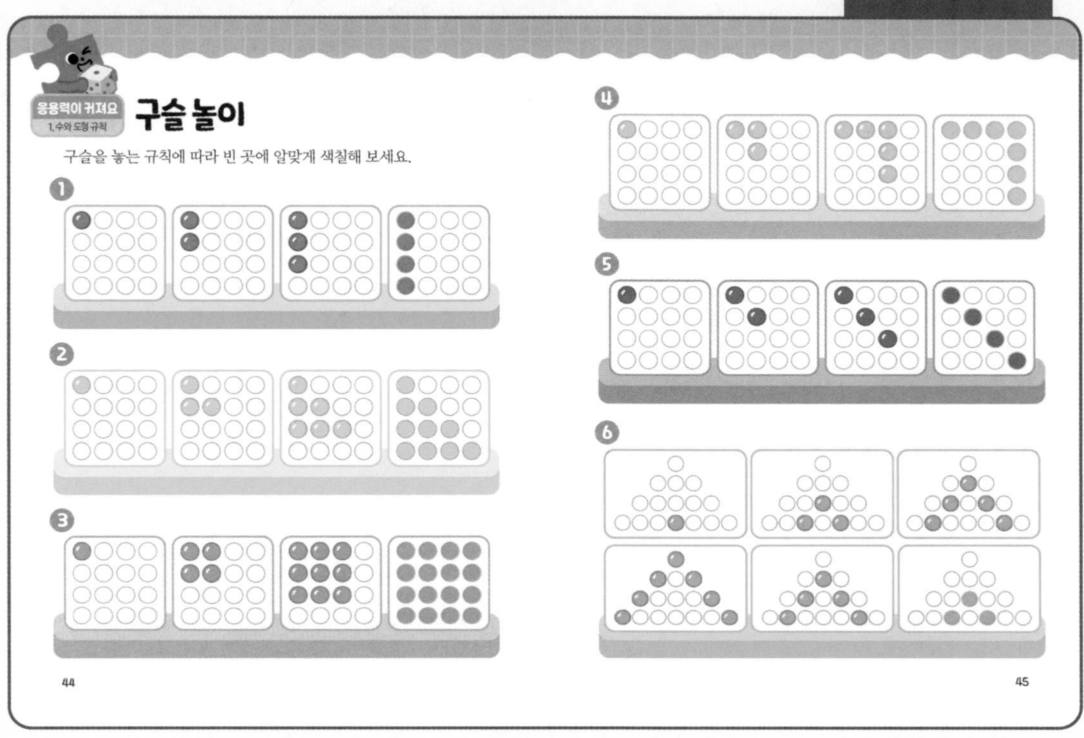

풀이

1. 구슬이 세로로 1개씩 늘어납니다.
2. 구슬이 한 줄씩 내려가면서 1개씩 늘어납니다.
3. 구슬이 가로와 세로로 한 줄씩 늘어납니다.
4. 구슬이 오른쪽과 아래쪽으로 1개씩 늘어납니다.
5. 구슬이 대각선으로 1개씩 늘어납니다.
6. 구슬이 삼각형 모양으로 2개씩 늘어났다가 다시 2개씩 줄어듭니다.

46~47쪽

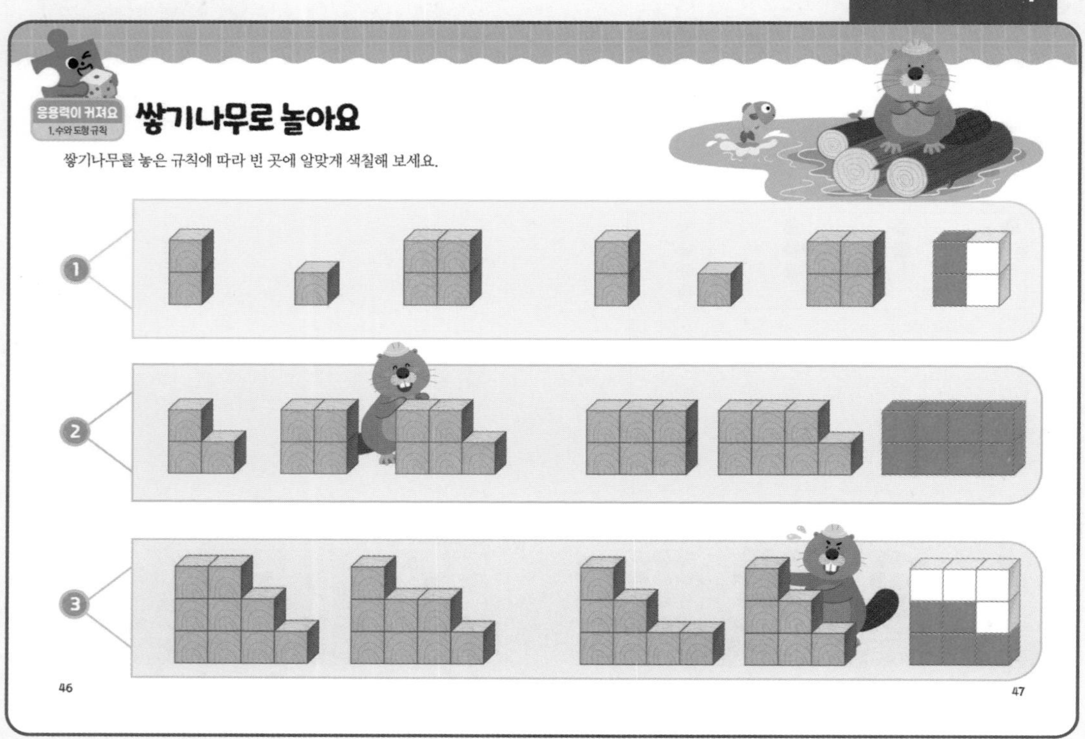

응용력이 커져요
1. 수와 도형 규칙
쌓기나무로 놀아요
쌓기나무를 놓은 규칙에 따라 빈 곳에 알맞게 색칠해 보세요.
1
2
3
46
47

풀이

1. 쌓기나무 모양이 다음과 같이 되풀이되는규칙입니다.

   (2층 1개) – (1개) – (2층 2개)

2. 쌓기나무가 2층과 1층을 번갈아 가며 1개씩 늘어나는 규칙입니다.

3. 쌓기나무가 맨 위층부터 내려오면서 오른쪽에서 1개씩 줄어드는 규칙입니다.

48~49쪽

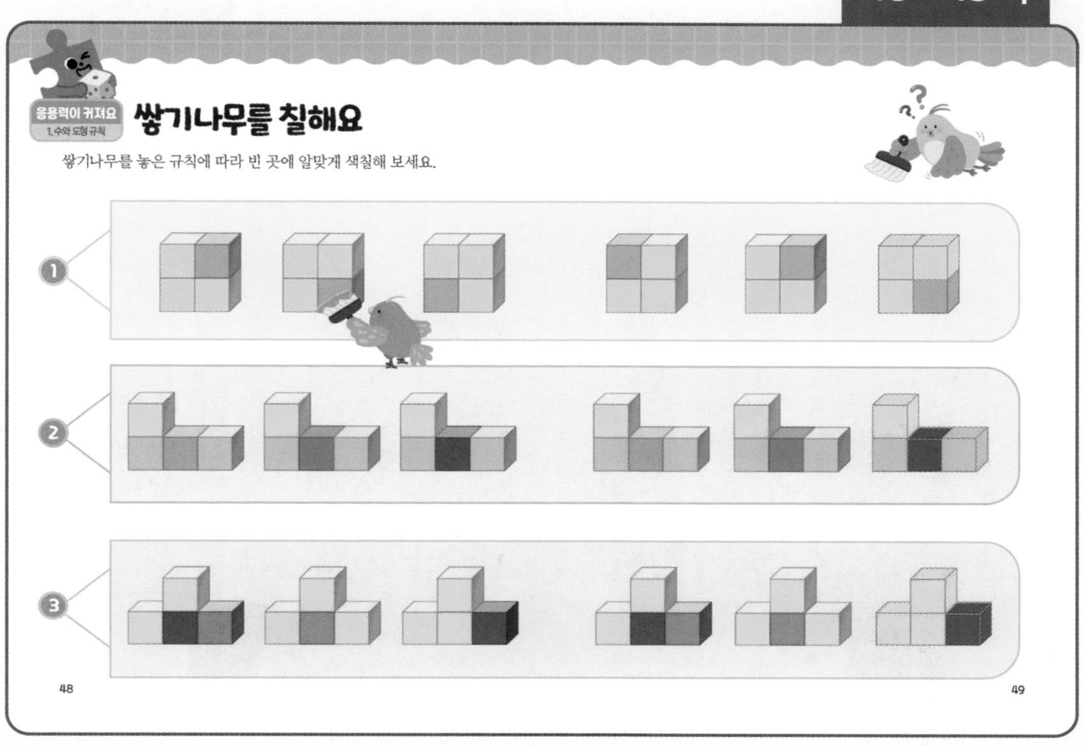
응용력이 커져요
1. 수와 도형 규칙
쌓기나무를 칠해요
쌓기나무를 놓은 규칙에 따라 빈 곳에 알맞게 색칠해 보세요.
1
2
3
48
49

풀이

1 주황색 쌓기나무가 시계 방향으로 한 칸씩 이동하는 규칙입니다.

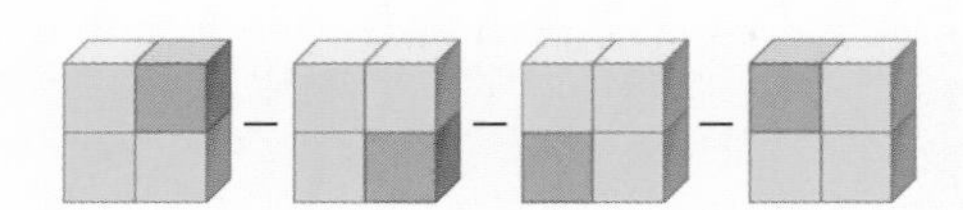

2 1층 가운데 쌓기나무가 분홍색-초록색-보라색으로 되풀이되는 규칙입니다.

3 1층 가운데 쌓기나무는 보라색-주황색-노란색으로 되풀이되고, 1층 오른쪽 쌓기나무는 주황색-노란색-보라색으로 되풀이되는 규칙입니다.

50~51쪽

- 아래서부터 블록 색깔이 파란색-노란색-연두색으로 되풀이되고, 개수는 색깔별로 1-2-3개로 되풀이되는 규칙입니다.
- 아래서부터 블록 색깔이 노란색-주황색으로 되풀이되고, 개수는 색깔별로 1개씩 늘어나는 규칙입니다.
- 아래서부터 블록 색깔이 노란색-파란색으로 되풀이되고, 개수는 같은 색깔별로 1개씩 늘어나는 규칙입니다.
- 아래서부터 블록 색깔이 분홍색-노란색으로 되풀이되고, 개수는 색깔별로 2개씩 늘어나는 규칙입니다.

52~53쪽

창의력이 샘솟아요
1. 수와 도형 규칙

나만의 규칙

나만의 수 규칙을 만들어 빈칸에 써 보세요.

예 ❶ 1 2 3 1 2 3

예 ❷ 2 4 6 2 4 6

예 ❸ 5 10 15 20 25 30

예 ❹ 10 20 30 40 50 60

나만의 도형 규칙을 만들어 빈칸에 그리거나 색칠해 보세요.

52

53

풀이

다양한 답이 나올 수 있습니다. 자유롭게 규칙을 정해 수를 써 봅니다.

❶ (예) 1, 2, 1, 2, 1, 2/ 1, 2, 3, 4, 5, 6/ 1, 3, 5, 7, 9, 11

❷ (예) 2, 3, 2, 3, 2, 3/ 2, 3, 4, 5, 6, 7/ 2, 4, 6, 8, 10, 12

❸ (예) 5, 3, 2, 5, 3, 2/ 5, 10, 5, 10, 5, 10/ 5, 6, 6, 7, 7, 7

❹ (예) 10, 11, 12, 13, 14, 15/ 10, 12, 14, 16, 18, 20/ 10, 9, 8, 7, 6, 5

풀이

❶ (예) △, □, △, □, △, □
△, ○, ○, △, ○, ○

❷ (예)

❸ (예)

❹ (예)

54~55쪽

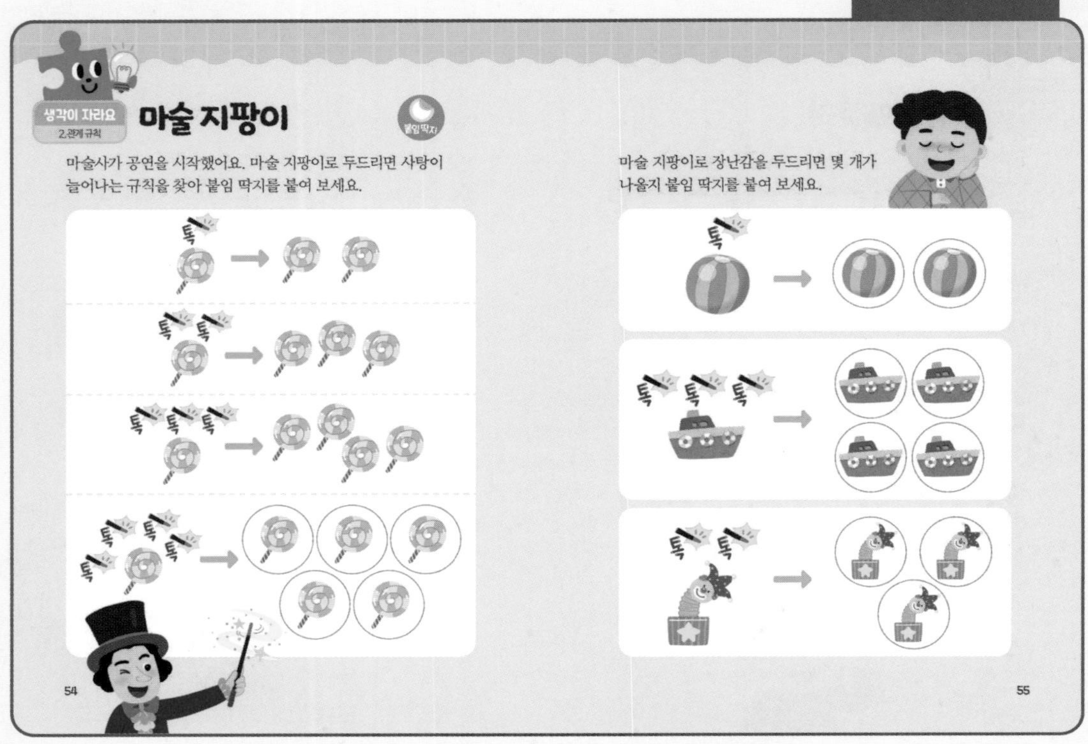

풀이

지팡이로 1번 두드릴 때마다 사탕이 1개씩 늘어납니다.

지팡이 1번 ➡ 사탕 2개
지팡이 2번 ➡ 사탕 3개
지팡이 3번 ➡ 사탕 4개
지팡이 4번 ➡ 사탕 5개

1. 공을 1번 두드리면 2개가 됩니다.
2. 장난감 배를 1번 두드리면 2개, 2번 두드리면 3개, 3번 두드리면 4개가 됩니다.
3. 광대 인형을 1번 두드리면 2개, 2번 두드리면 3개가 됩니다.

56~57쪽

①~②

동전 1개에 장난감이 2개 나오므로, 동전 2개에 장난감 4개, 동전 3개에 장난감 6개가 나옵니다.

③~④

동전 2개에 장난감이 3개 나오므로 동전 4개에 장난감 6개, 동전 3개에 장난감 9개가 나옵니다.

58~59쪽

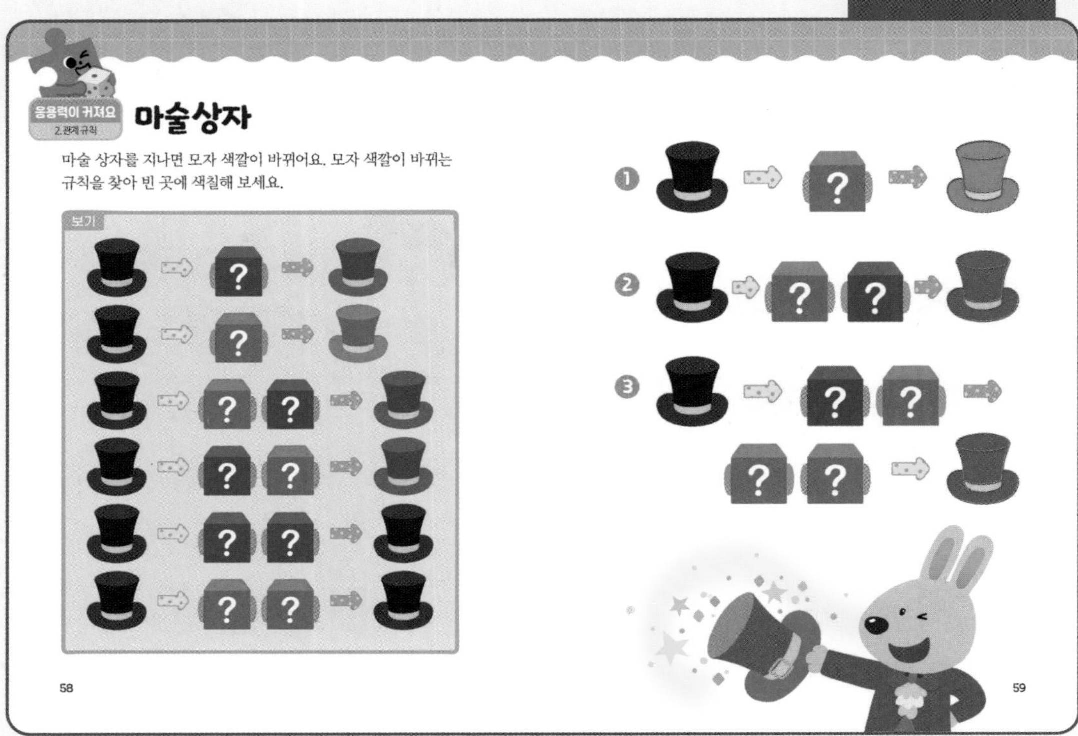

풀이

모자가 파란 상자를 지나면 파란색, 빨간 상자를 지나면 빨간색이 됩니다. 모자가 빨간 상자와 파란 상자를 지나면 보라색이 되고, 순서를 바꾸어 파란 상자와 빨간 상자를 지나도 보라색이 됩니다.
또한 모자가 파란 상자를 두 번 지나거나 빨간 상자를 두 번 지나면 색깔이 바뀌지 않고 그대로 있습니다.

1. 모자가 빨간 상자를 지났으므로 빨간색으로 바뀝니다
2. 모자가 빨간 상자와 파란 상자를 지났으므로 보라색으로 바뀝니다.
3. 모자가 파란 상자와 빨간 상자를 지나 보라색이 됩니다. 다시 보라색 모자가 빨간 상자를 두 번 지났으므로 색깔이 바뀌지 않고 그대로 보라색입니다.

62~63쪽

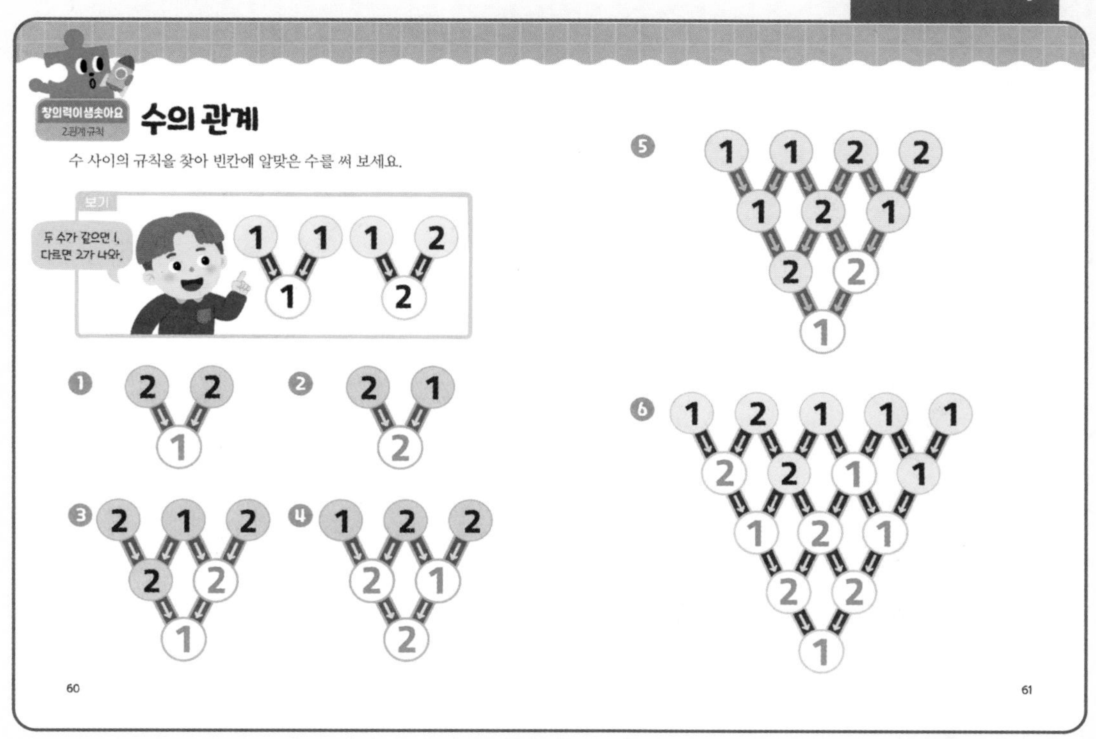

위의 두 수가 같으면 '1', 다르면 '2'를 씁니다.

64~65쪽

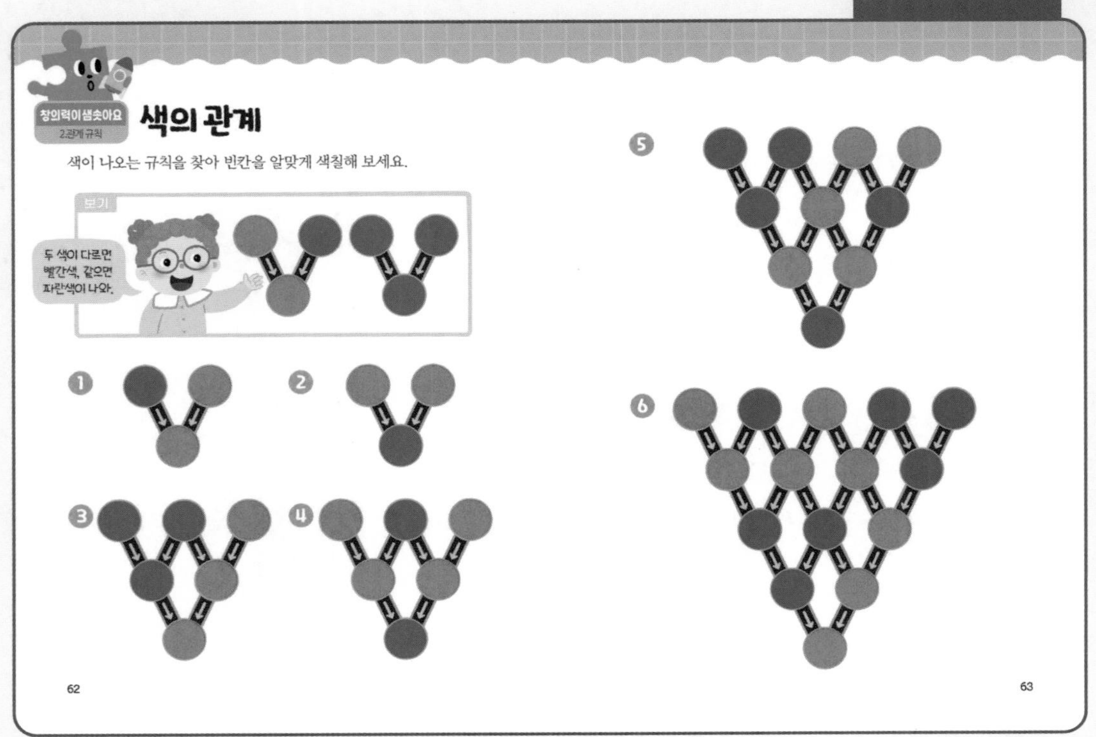

위의 두 색이 같으면 '파란색', 다르면 '빨간색'을 칠합니다.

66~67쪽

생각 열기

그림이 같은지 다른지 비교하고, 알맞은 위치를 찾는 활동입니다. 주변의 사물을 관찰하고 비교하면서 수학적 호기심과 탐구심을 길러 봅니다.

주어진 타일과 왼쪽의 타일을 비교하여 어떤 타일을 어떤 방향으로 붙일지 생각해 봅니다. 자리가 확실한 타일부터 먼저 붙입니다.

68~69쪽

풀이

주어진 타일과 왼쪽의 타일을 비교하여 어떤 타일을 어떤 방향으로 붙일지 생각해 봅니다. 자리가 확실한 타일부터 먼저 붙입니다.

틀리기 쉬워요

퍼즐을 맞추듯 타일을 가로와 세로 방향으로 돌려가면서 왼쪽과 같은 자리를 찾습니다. 틀린 자리에 타일을 붙일 수 있으므로, 벽을 모두 완성한 다음에 풀로 붙이도록 합니다.

70~71쪽

응용력이 커져요
1. 그림 문제 해결

똑같은 로봇을 찾아요

주어진 로봇과 똑같은 로봇을 찾아 ○표 해 보세요.

❶

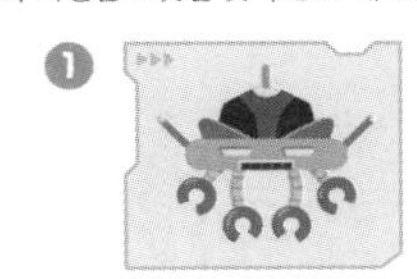

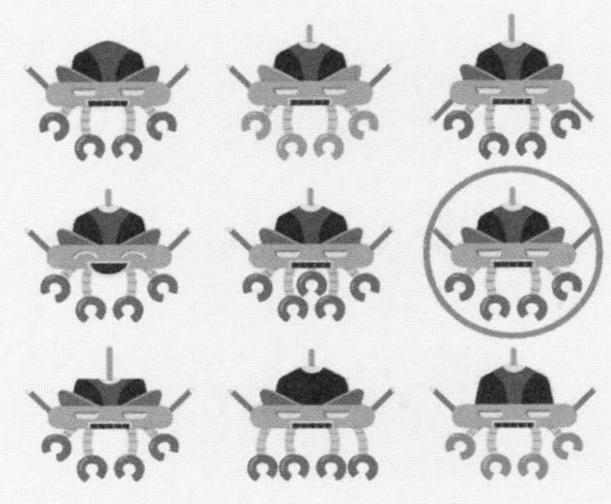

❷

70

71

72~73쪽

응용력이 커져요
1. 그림 문제 해결

그림자를 찾아요

늑대와 돼지의 그림자를 찾아 ○표 해 보세요.

72

73

74~75쪽

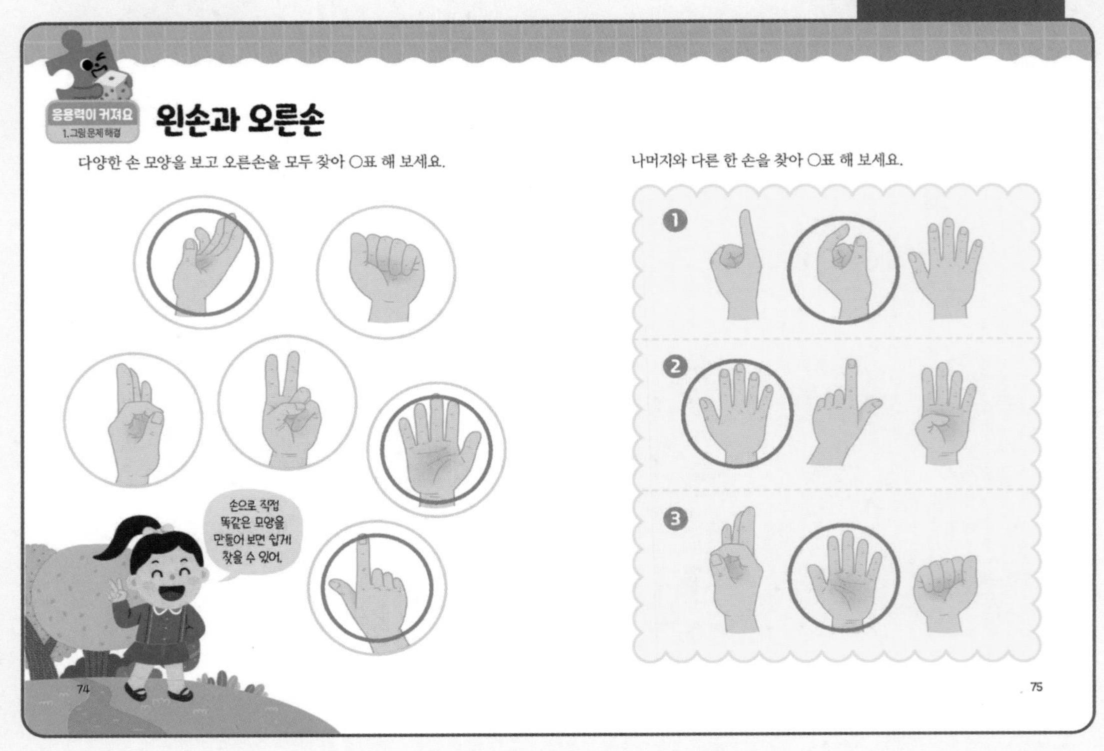

생각 열기

왼손과 오른손을 구분하는 활동입니다. 몸의 중심을 기준으로 왼쪽과 오른쪽을 알아보고, 왼손과 오른손을 구분해 봅니다. 나아가 왼발과 오른발, 왼쪽 눈과 오른쪽 눈 등도 함께 살펴봅니다.

틀리기 쉬워요

손 모양이 다양하기 때문에 헷갈릴 수 있습니다. 유아가 자신의 손과 직접 비교하면서 왼손과 오른손을 구분해 볼 수 있도록 합니다.

풀이

1 왼쪽과 오른쪽은 오른손, 가운데는 왼손입니다. 따라서 가운데에 ○표 합니다.

2 왼쪽은 오른손, 가운데와 오른쪽은 왼손입니다. 따라서 왼쪽에 ○표 합니다.

3 왼쪽과 오른쪽은 오른손, 가운데는 왼손입니다. 따라서 가운데에 ○표 합니다.

76~77쪽

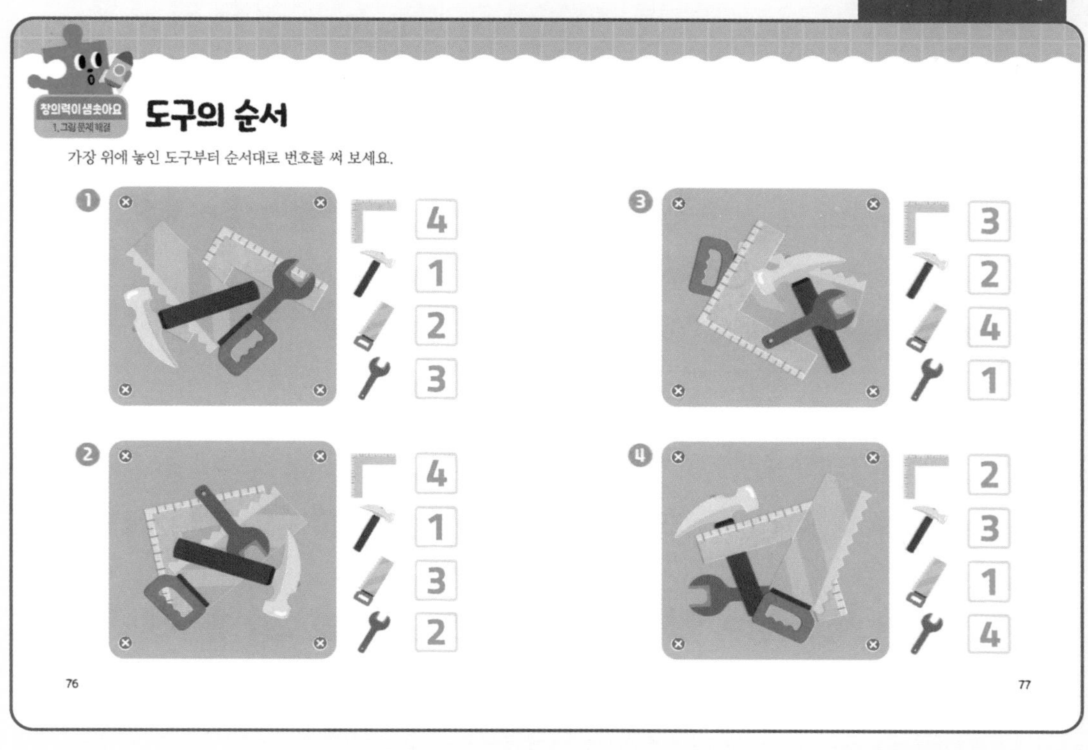

생각 열기

겹친 물건의 순서를 알아보는 활동입니다. 관찰력과 판단력, 분석력을 기를 수 있습니다.

풀이

맨 위에 있는 물건은 다른 물건에 가려진 부분이 없습니다.

1. 위에서부터 망치, 톱, 스패너, 수직자 순서대로 있습니다.
2. 위에서부터 망치, 스패너, 톱, 수직자 순서대로 있습니다.
3. 위에서부터 스패너, 망치, 수직자, 톱 순서대로 있습니다.
4. 위에서부터 톱, 수직자, 망치, 스패너 순서대로 있습니다.

78~79쪽

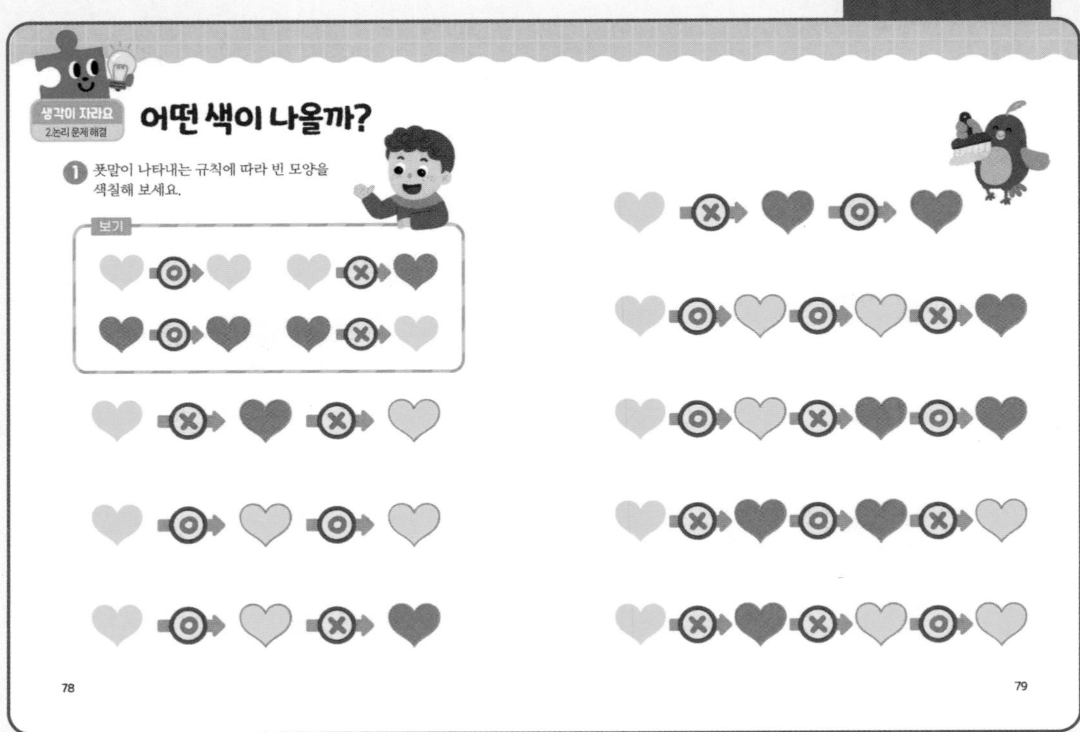

생각 열기

푯말 규칙에 따라 대상이 어떻게 변하는지 살펴보고, 논리적인 관계를 유추해 봅니다.

풀이

다음과 같은 규칙에 따라 빈 모양에 알맞은 색을 칠합니다.

◎ : 색이 바뀌지 않습니다.

ⓧ : 색이 바뀝니다.

80~81쪽

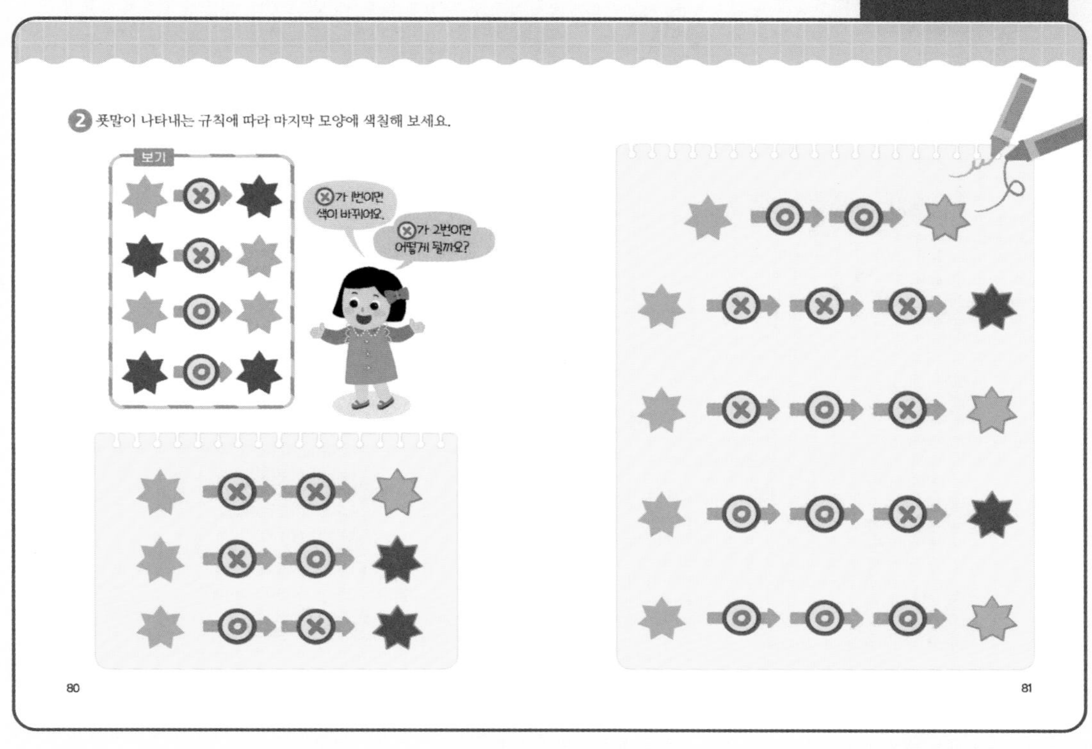

다음과 같은 규칙에 따라 빈 모양에 알맞은 색을 칠합니다.

⊗가 홀수 번이면 색이 바뀝니다.

⊗가 짝수 번이면 색이 바뀌지 않습니다.

◎는 짝수, 홀수에 상관없이 색이 바뀌지 않습니다.

- ⊗가 2번이므로 색이 바뀌지 않습니다.
- ⊗가 1번이므로 색이 바뀝니다.
- ⊗가 1번이므로 색이 바뀝니다.
- ◎만 2번이므로 색이 바뀌지 않습니다.
- ⊗가 3번이므로 색이 바뀝니다.
- ⊗가 2번이므로 색이 바뀌지 않습니다.
- ⊗가 1번이므로 색이 바뀝니다.
- ◎만 3번이므로 색이 바뀌지 않습니다.

82~83쪽

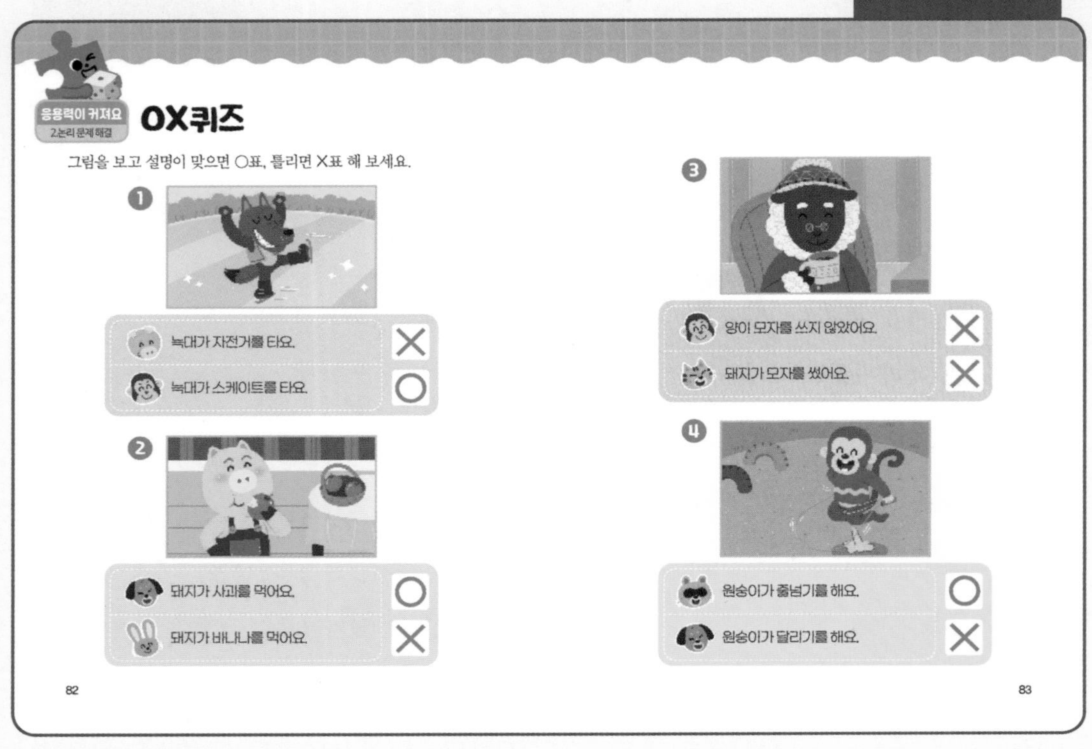

응용력이 커져요
2.논리 문제 해결
OX퀴즈
그림을 보고 설명이 맞으면 ○표, 틀리면 X표 해 보세요.
늑대가 자전거를 타요.
늑대가 스케이트를 타요.
돼지가 사과를 먹어요.
돼지가 바나나를 먹어요.
양이 모자를 쓰지 않았어요.
돼지가 모자를 썼어요.
원숭이가 줄넘기를 해요.
원숭이가 달리기를 해요.
82
83

틀리기 쉬워요

그림의 내용을 말로 표현해 보고, 동물들의 말이 맞는지 틀린지 생각해 봅니다.

풀이

1 늑대가 스케이트를 타고 있으므로 돼지는 X, 원숭이는 ○표 합니다.

2 돼지가 사과를 먹고 있으므로 강아지는 ○표, 토끼는 X표 합니다.

3 양이 모자를 쓰고 있으므로 원숭이와 고양이 모두 X표 합니다.

4 원숭이가 줄넘기를 하고 있으므로 너구리는 ○표, 강아지는 X표 합니다.

84~85쪽

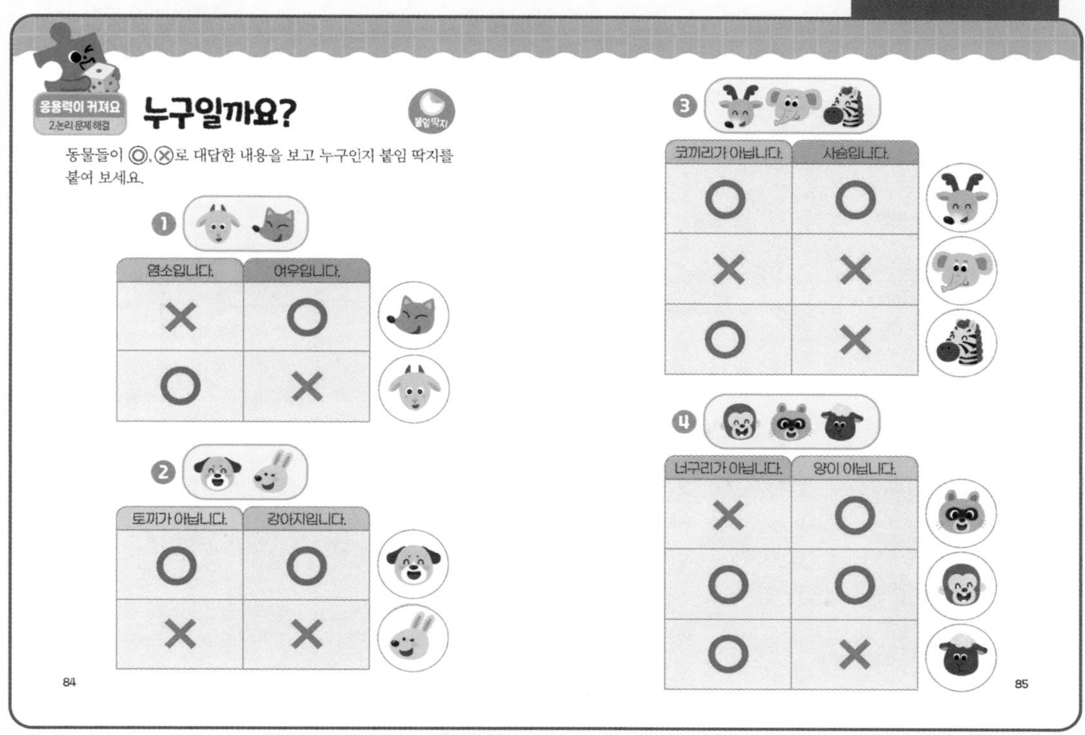

응용력이 커져요 2.논리 문제 해결

누구일까요?

붙임 딱지

동물들이 ◎, ⊗로 대답한 내용을 보고 누구인지 붙임 딱지를 붙여 보세요.

❶

염소입니다.	여우입니다.
×	○
○	×

❷

토끼가 아닙니다.	강아지입니다.
○	○
×	×

84

❸

코끼리가 아닙니다.	사슴입니다.
○	○
×	×
○	×

❹

너구리가 아닙니다.	양이 아닙니다.
×	○
○	○
○	×

85

풀이

❶ 염소라는 사실이 거짓이고, 여우라는 사실이 참이므로 여우입니다.
염소라는 사실이 참이고, 여우라는 사실이 거짓이므로 염소입니다.

❷ 토끼가 아니라는 사실이 참이고, 강아지라는 사실이 참이므로 강아지입니다.
토끼가 아니라는 사실이 거짓이고, 강아지라는 사실이 거짓이므로 토끼입니다.

❸ 사슴이라는 사실이 참이므로 사슴입니다.
코끼리가 아니라는 사실이 거짓이므로 코끼리입니다.
코끼리가 아니라는 사실이 참이고, 사슴이라는 사실이 거짓이므로 얼룩말입니다.

86~87쪽

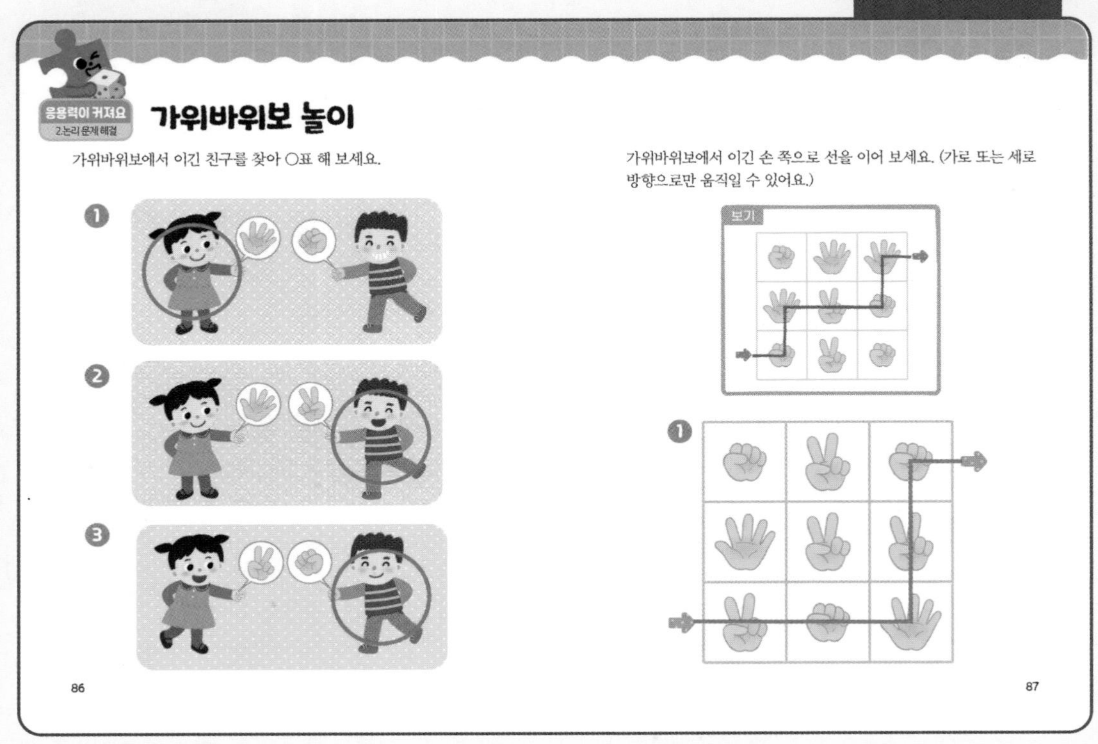

생각 열기

가위바위보로 승패를 판단하는 놀이입니다. 가위가 보를 이기고, 보가 바위를 이기고, 바위가 가위를 이기는 관계를 이해해 봅니다.

풀이

1 보가 바위를 이깁니다.

2 가위가 보를 이깁니다.

3 바위가 가위를 이깁니다.

풀이

1 가위 → 바위가 가위를 이깁니다. → 보가 바위를 이깁니다. → 가위가 보를 이깁니다. → 바위가 가위를 이깁니다.

88~89쪽

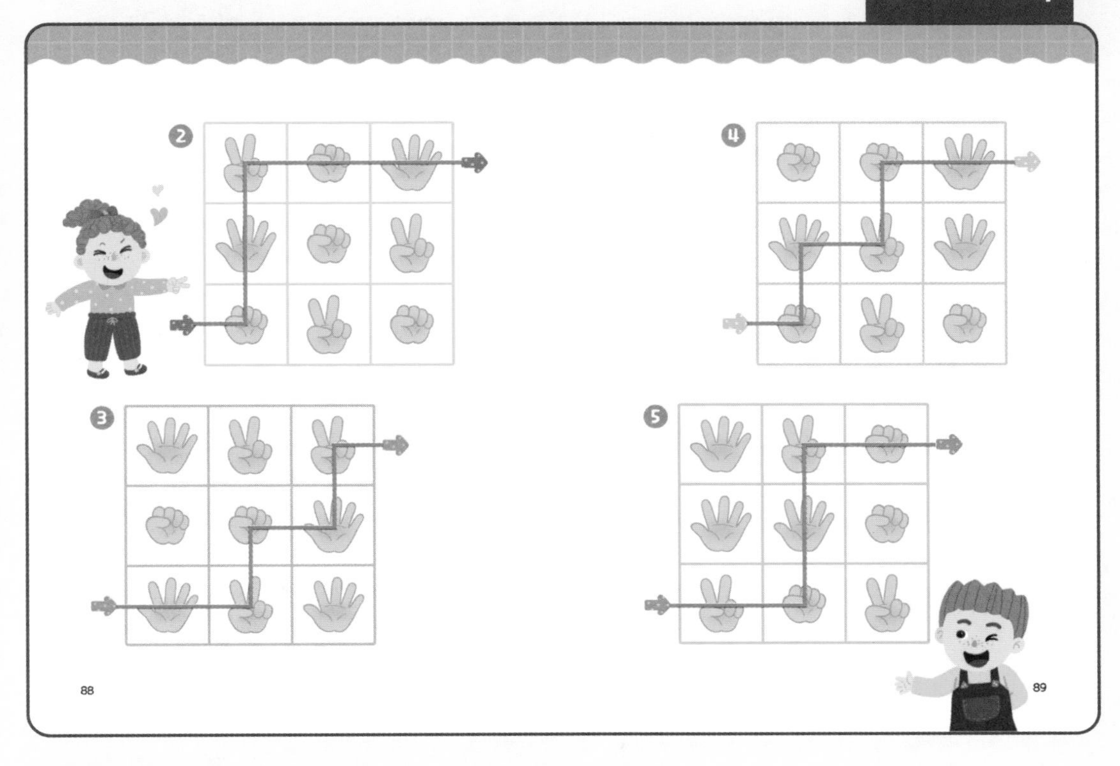

풀이

2 바위 → 보가 바위를 이깁니다. → 가위가 보를 이깁니다. → 바위가 가위를 이깁니다. → 보가 바위를 이깁니다.

3 보 → 가위가 보를 이깁니다. → 바위가 가위를 이깁니다. → 보가 바위를 이깁니다. → 가위가 보를 이깁니다.

4 바위 → 보가 바위를 이깁니다. → 가위가 보를 이깁니다. → 바위가 가위를 이깁니다. → 보가 바위를 이깁니다.

5 가위 → 바위가 가위를 이깁니다. → 보가 바위를 이깁니다. → 가위가 보를 이깁니다. → 바위가 가위를 이깁니다.

90~91쪽

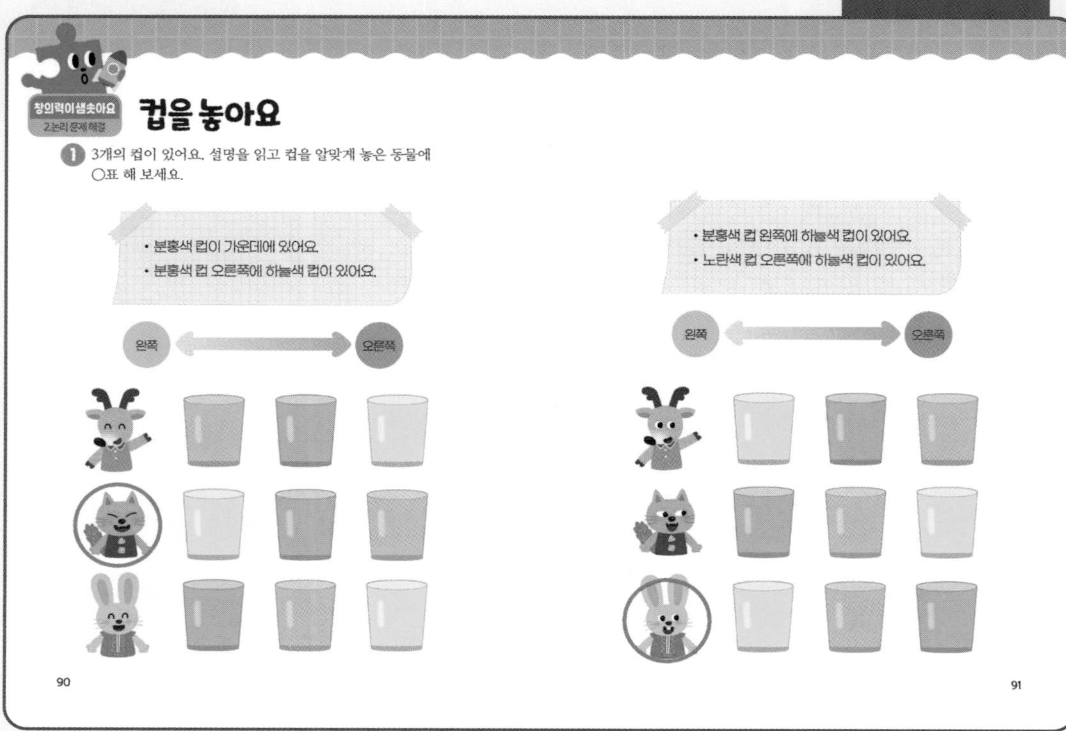
창의력이 샘솟아요
2.논리 문제 해결
컵을 놓아요
1 3개의 컵이 있어요. 설명을 읽고 컵을 알맞게 놓은 동물에 ○표 해 보세요.
• 분홍색 컵이 가운데에 있어요.
• 분홍색 컵 오른쪽에 하늘색 컵이 있어요.
왼쪽
오른쪽
• 분홍색 컵 왼쪽에 하늘색 컵이 있어요.
• 노란색 컵 오른쪽에 하늘색 컵이 있어요.
왼쪽
오른쪽
90
91

92~93쪽

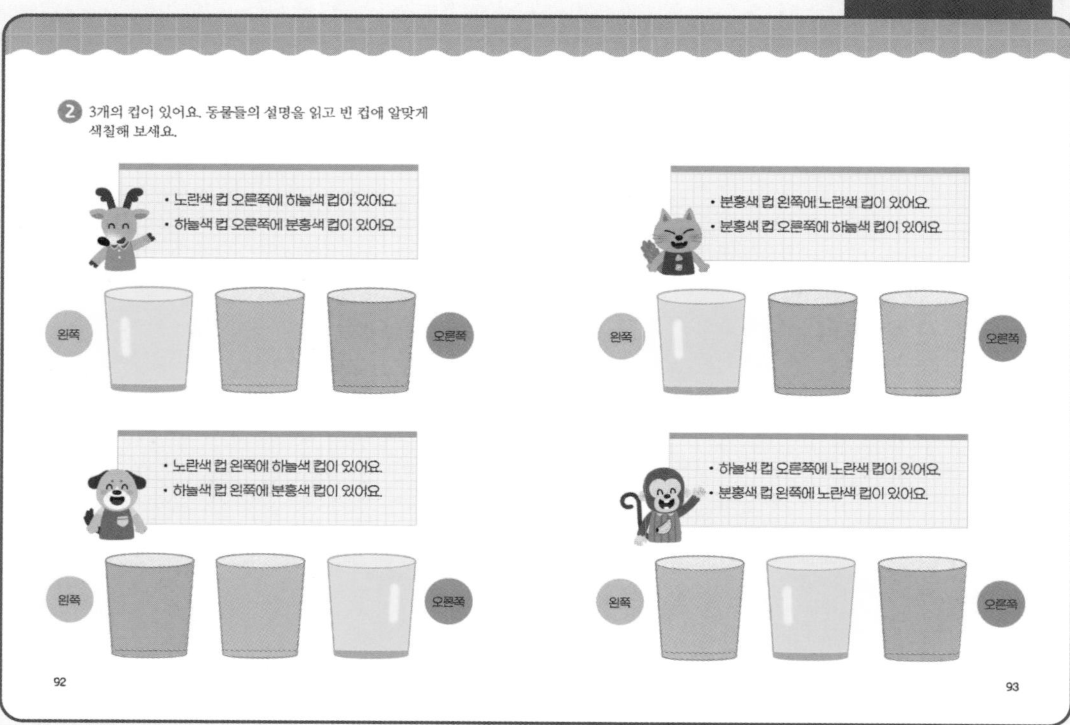
2 3개의 컵이 있어요. 동물들의 설명을 읽고 빈 컵에 알맞게 색칠해 보세요.
• 노란색 컵 오른쪽에 하늘색 컵이 있어요.
• 하늘색 컵 오른쪽에 분홍색 컵이 있어요.
왼쪽
오른쪽
• 분홍색 컵 왼쪽에 노란색 컵이 있어요.
• 분홍색 컵 오른쪽에 하늘색 컵이 있어요.
왼쪽
오른쪽
• 노란색 컵 왼쪽에 하늘색 컵이 있어요.
• 하늘색 컵 왼쪽에 분홍색 컵이 있어요.
왼쪽
오른쪽
• 하늘색 컵 오른쪽에 노란색 컵이 있어요.
• 분홍색 컵 왼쪽에 노란색 컵이 있어요.
왼쪽
오른쪽
92
93

96~97쪽

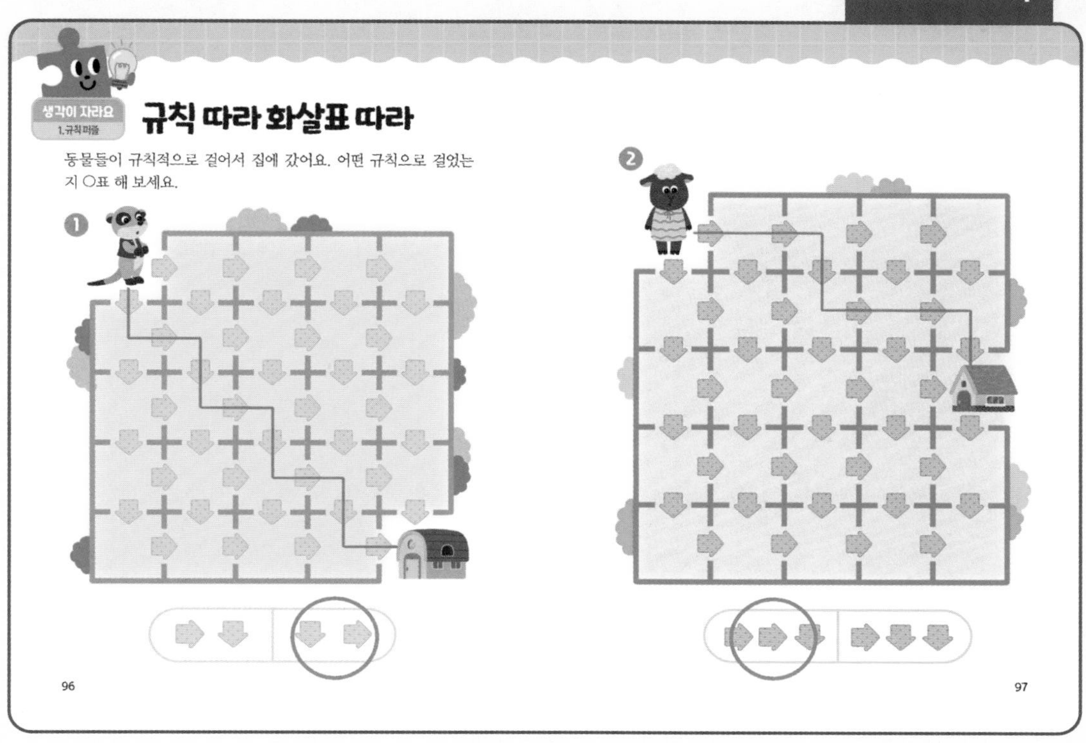

풀이

어떤 방향 규칙으로 움직였는지 살펴봅니다.

1. 아래쪽-오른쪽-아래쪽-오른쪽-아래쪽-오른쪽-아래쪽-오른쪽으로 움직였으므로 에 ○표 합니다.

2. 오른쪽-오른쪽-아래쪽-오른쪽-오른쪽-아래쪽으로 움직였으므로 에 ○표 합니다.

98~99쪽

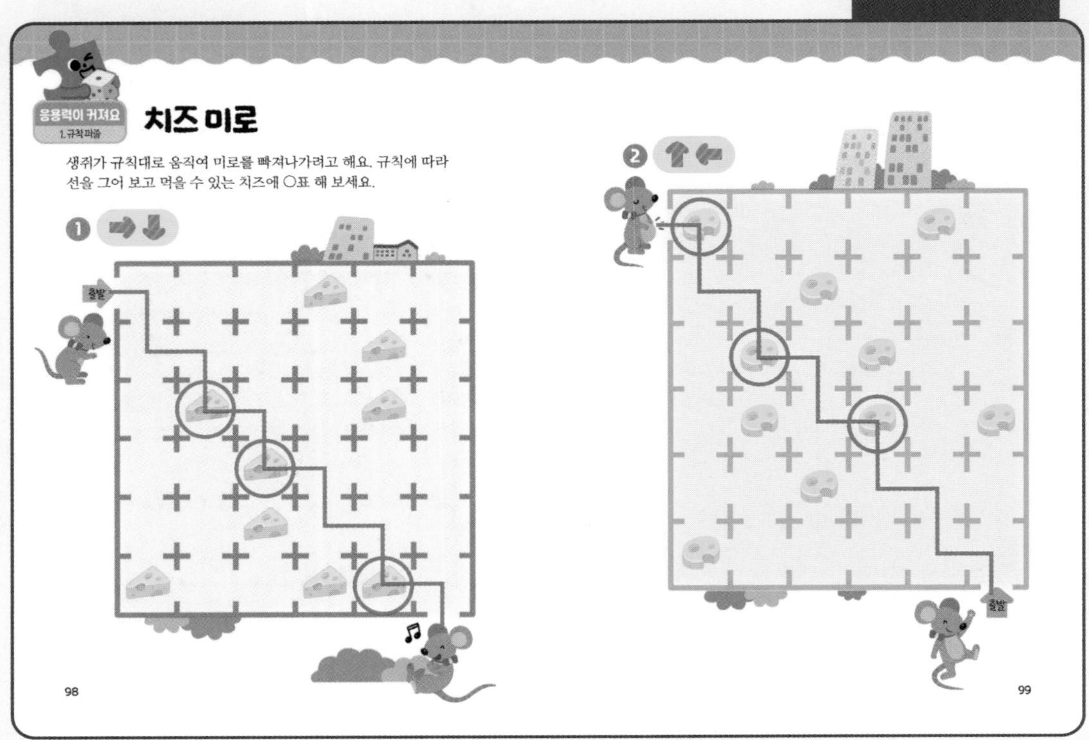

풀이

주어진 방향 규칙을 말해 보며 규칙대로 선을 긋고, 먹을 수 있는 치즈에 ○표 합니다.

1 오른쪽-아래쪽 방향 규칙대로 선을 긋습니다. 먹을 수 있는 치즈는 3개입니다.

2 위쪽-왼쪽 방향 규칙대로 선을 긋습니다. 먹을수 있는 치즈는 3개입니다.

100~101쪽

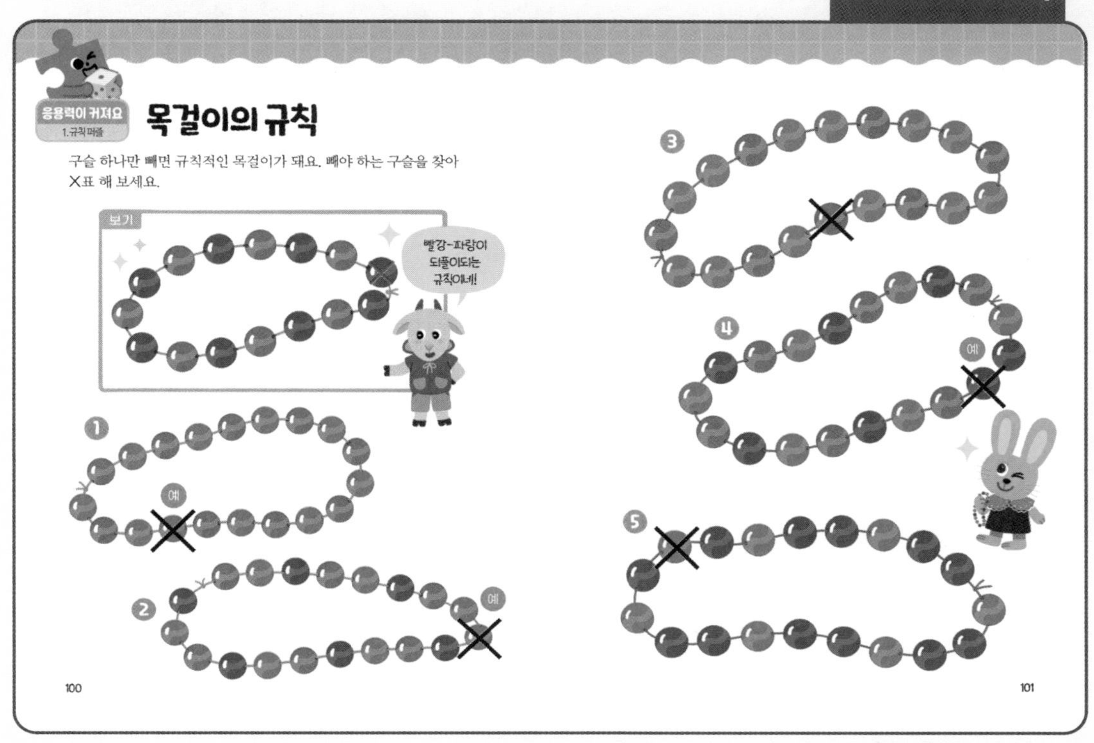

풀이

1. 빨간색-초록색 규칙이 되어야 합니다.
2. 빨간색-초록색-파란색 규칙이 되어야 합니다.
3. 빨간색-초록색-초록색 규칙이 되어야 합니다.
4. 빨간색-초록색-파란색 규칙이 되어야 합니다.
5. 파란색-초록색-파란색 규칙이 되어야 합니다.

참고

시작하는 위치에 따라 규칙이 달라질 수 있습니다.

102~103쪽

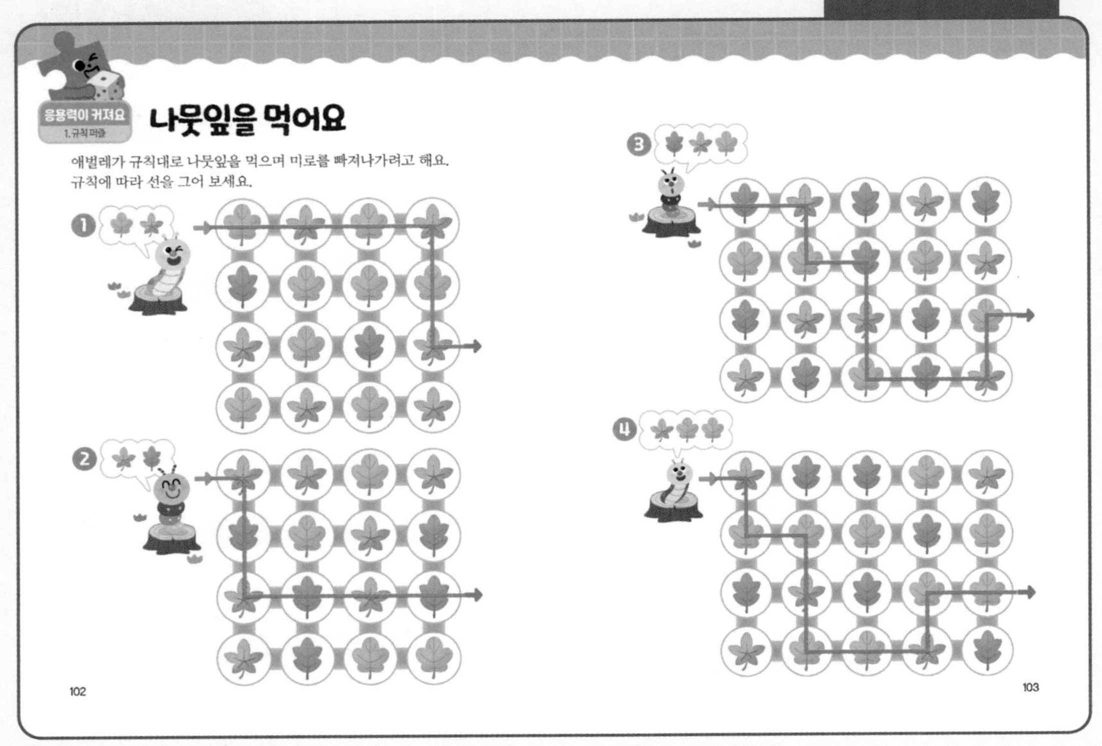

규칙적으로 나뭇잎을 먹을 수 있는 길을 찾아 선을 긋습니다.

104~105쪽

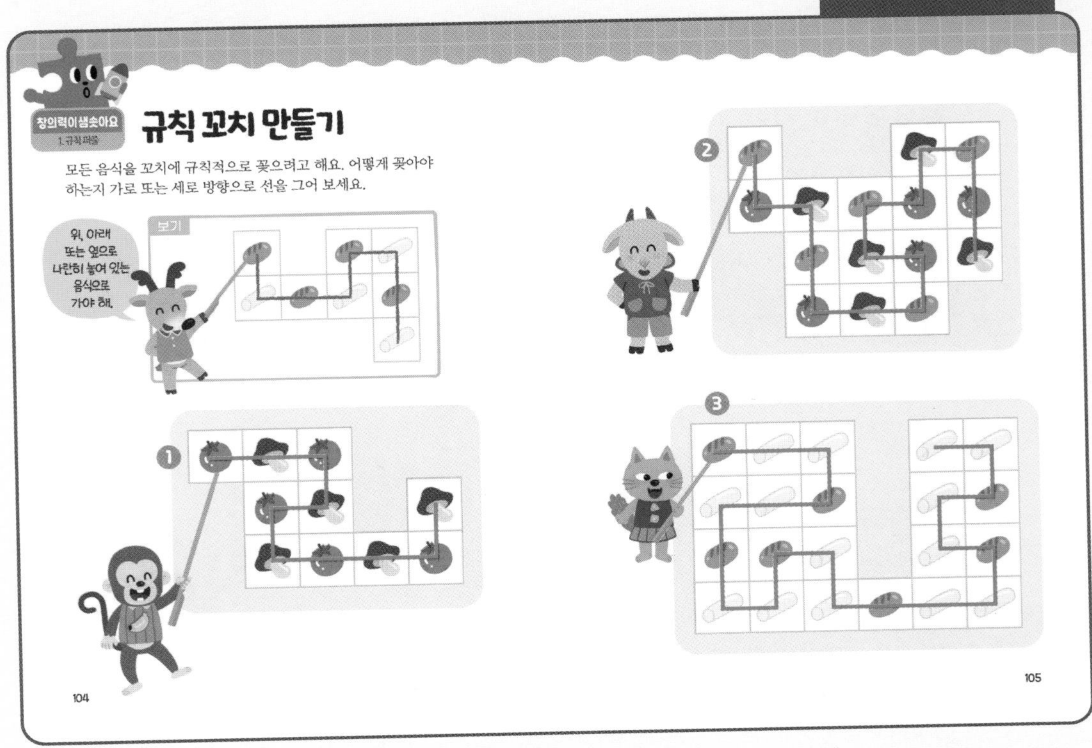

음식을 모두 연결할 수 있는 규칙을 찾아 선을 긋습니다.

1 음식을 모두 연결할 수 있는 규칙은 - 입니다.

2 음식을 모두 연결할 수 있는 규칙은 - - 입니다.

3 음식을 모두 연결할 수 있는 규칙은 - - 입니다.

106~107쪽

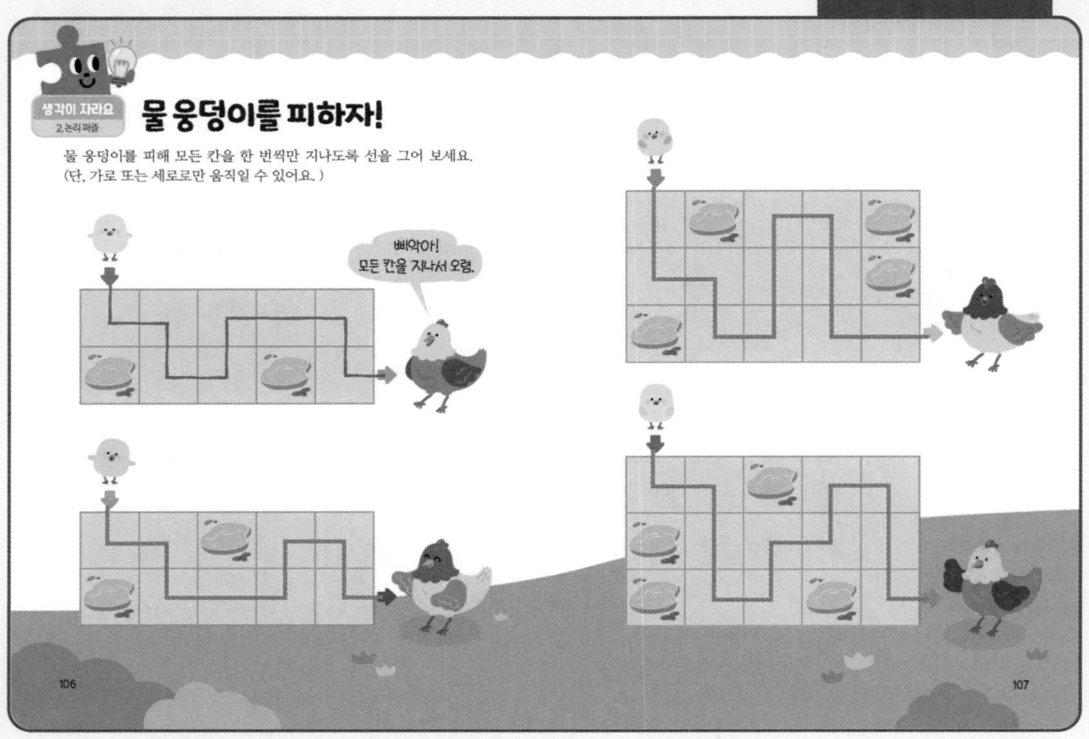

생각이 자라요
2.논리퍼즐
물 웅덩이를 피하자!
물 웅덩이를 피해 모든 칸을 한 번씩만 지나도록 선을 그어 보세요.
(단, 가로 또는 세로로만 움직일 수 있어요.)
삐약아!
모든 칸을 지나서 오렴.
106
107

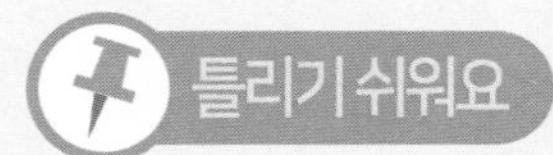

모든 칸을 지나야 하므로 놓치는 칸이 없도록 유의합니다.

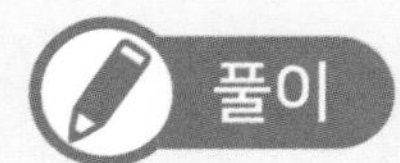

물 웅덩이를 피해 모든 칸을 지나도록 선을 긋습니다.

108~109쪽

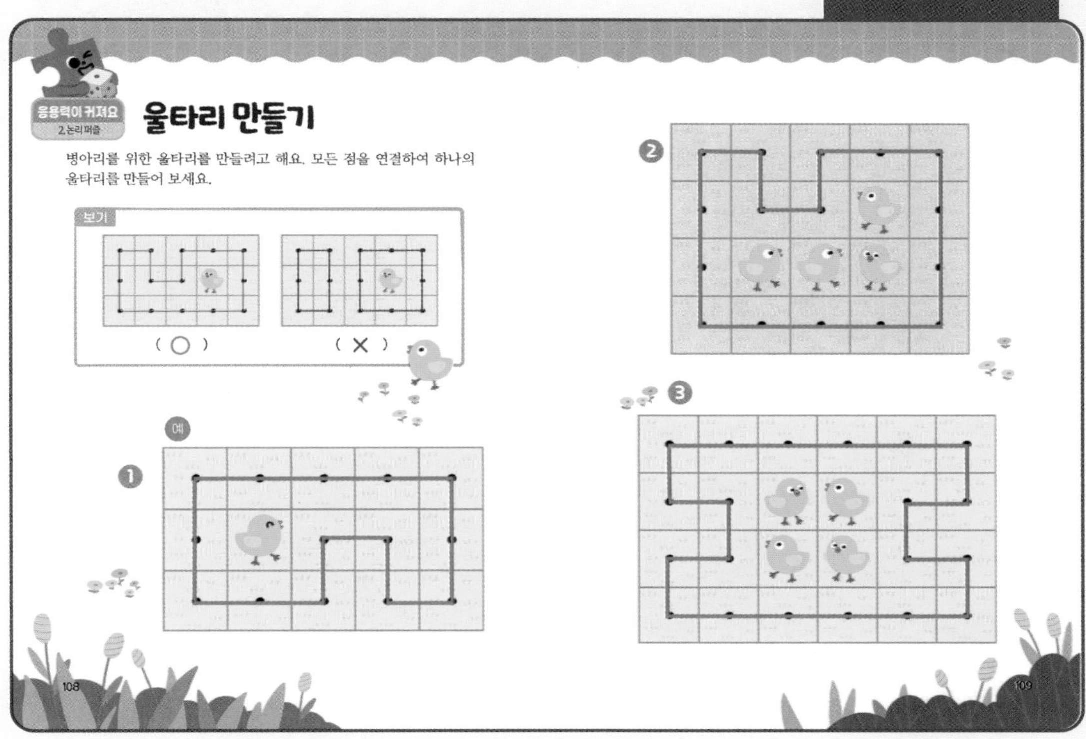
응용력이 커져요
2. 논리퍼즐

울타리 만들기

병아리를 위한 울타리를 만들려고 해요. 모든 점을 연결하여 하나의 울타리를 만들어 보세요.

보기

(○) (×)

예

❶ ❷ ❸

108 109

풀이

주어진 답 외에도 다음과 같이 여러 가지 답을 찾을 수 있습니다.

❶

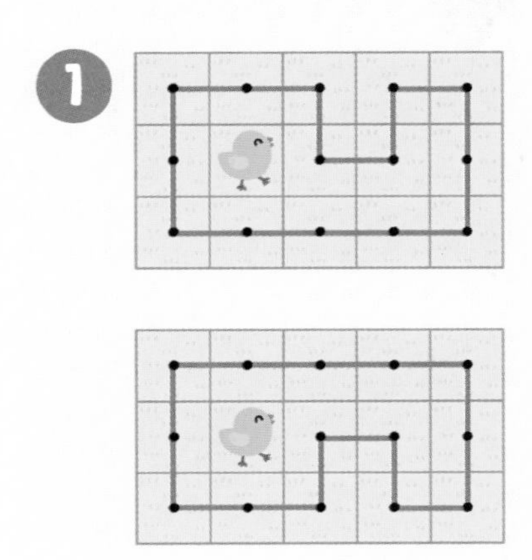

110~111쪽

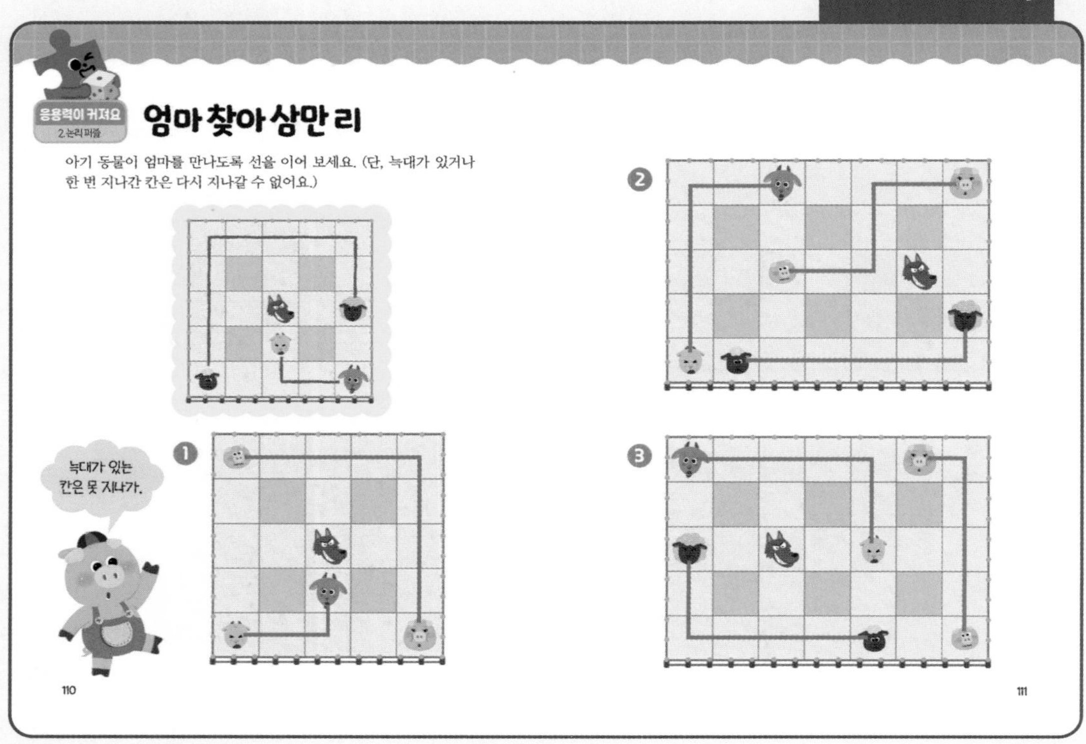

응용력이 커져요
2.논리 퍼즐
엄마 찾아 삼만 리
아기 동물이 엄마를 만나도록 선을 이어 보세요. (단, 늑대가 있거나 한 번 지나간 칸은 다시 지나갈 수 없어요.)
늑대가 있는 칸은 못 지나가.
110
111

틀리기 쉬워요

늑대가 있는 칸과 한 번 지나간 칸은 다시 지나지 않도록 유의합니다.

풀이

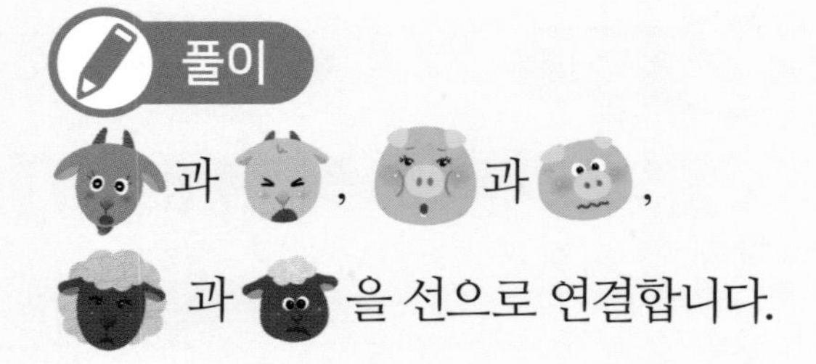

110쪽

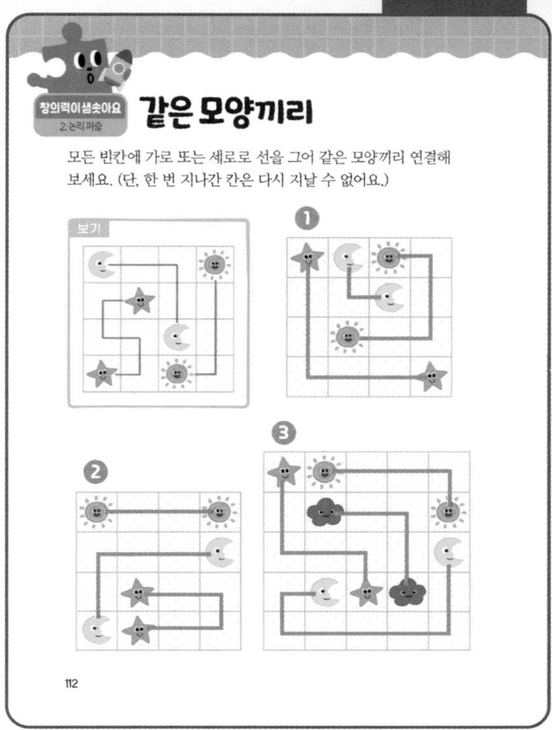

창의력이 샘솟아요
2.논리 퍼즐

같은 모양끼리

모든 빈칸에 가로 또는 세로로 선을 그어 같은 모양끼리 연결해 보세요. (단, 한 번 지나간 칸은 다시 지날 수 없어요.)

보기

❶

❷

❸

112

빈칸이 없이 선을 그어야 하는 것에 유의합니다.

풀이

가로 또는 세로 방향의 선을 그어 같은 모양끼리 연결합니다.

MEMO

오리기 부록

40-41쪽 도미노

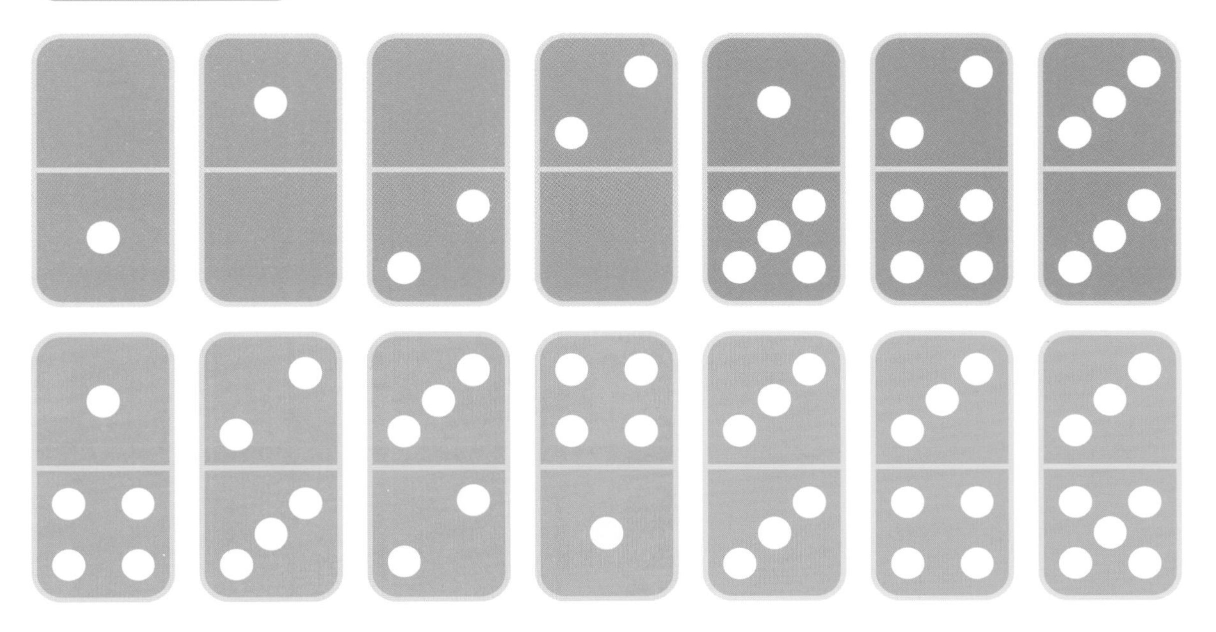

42-43쪽 도미노

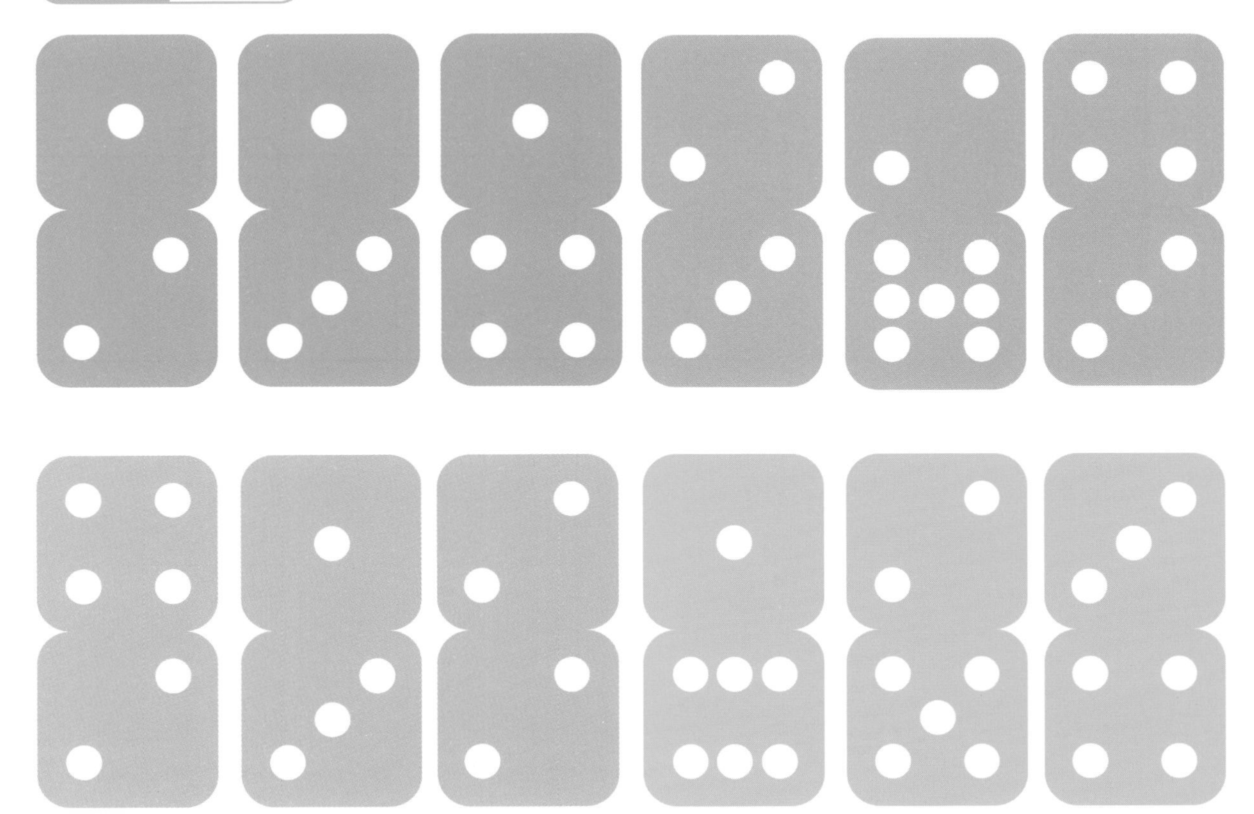

오리기 부록

67쪽 타일

68쪽 타일

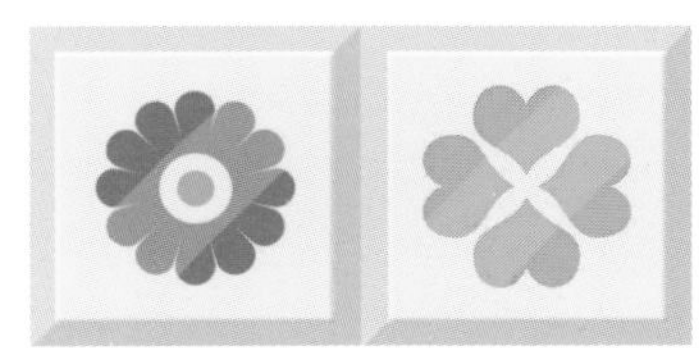

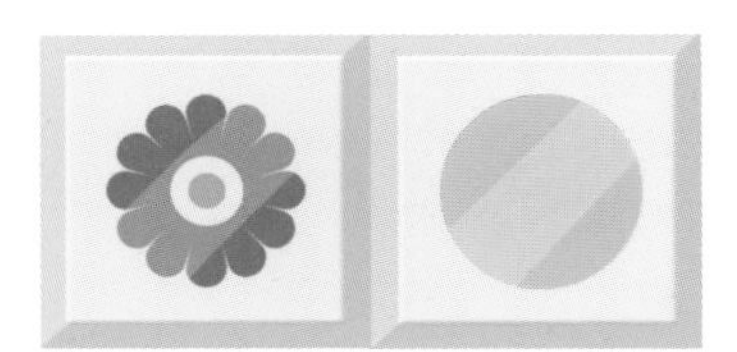

69쪽 타일

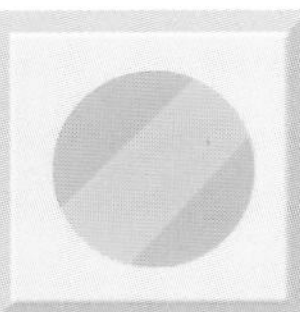